ÉTUDE

SUR LES

VIGNES DE TLEMCEN

L'Algérie agricole, commerciale, industrielle, se publie
le 1er de chaque mois, par livraison de plusieurs feuilles format
in-8º, lesquelles formeront, à la fin de l'année, un volume de 500
pages environ, avec titre et table.

Les abonnements partent du 1er janvier de chaque année.

Prix de l'abonnement pour l'année, franc de port pour Paris,
la France et l'Algérie, 10 francs ; pour l'étranger, 12 francs.

Prix du Numéro séparé : 1 franc

Le montant de l'abonnement péut être adressé soit au Bureau
du Journal en un bon de poste, dont on garde la souche qui sert
de quittance, soit à l'un des libraires indiqués au bas de la première page de la couverture.

Tout ce qui concerne la rédaction de l'*Algérie agricole*, *commerciale*, *industrielle* (manuscrits, lettres, réclamations, échange
de journaux, etc., etc.), doit être adressé, franc de port, chez
M. Noirot, rédacteur en chef du journal, 67, rue de l'Université.

Les ouvrages publiés sur l'Algérie, dont il sera envoyé deux
exemplaires, seront immédiatement annoncés, et un compte-rendu
en sera fait dans un des numéros suivants.

On recevra également les annonces intéressant l'agriculture et la
librairie ; elles figureront dans un bulletin spécial, placé immédiatement à la suite du journal.

PARIS. — IMPRIMERIE H. CARION, 64, RUE BONAPARTE.

ÉTUDE

SUR LES

VIGNES DE TLEMCEN

PAR **SALOMON**

Inspecteur de colonisation à Tlemcen

(Extrait de l'*Algérie agricole, commerciale, industrielle*.)

PRIX : 1 FR. 25 C.

PARIS

AU BUREAU DE LA RÉDACTION, 3, RUE CHRISTINE.

CHALLAMEL, Libraire-Commissionn., | LACROIX BAUDRY, Libraire,
30, RUE DES BOULANGERS. | 15, QUAI MALAQUAIS.

CAUSIN, Libraire, 110, rue Richelieu.

ALGER | CONSTANTINE | ORAN
Dubos frères | Louis MARLE | DEDEBANT et ALEXANDRE
Libraire. | Libraire. | Libraires.

1860

ÉTUDE SUR LES VIGNES DE TLEMCEN

INTRODUCTION

Le *Moniteur de la Colonisation* des 8–15 juin dernier reproduisait un article du journal le *Moniteur de la Flotte*, dans lequel l'étendue des vignes du territoire de Tlemcen était portée, par erreur, à 3 hectares seulement : cette erreur a été relevée dans les numéros des 3-10 août. L'étendue est d'environ 50 hectares.

Cette circonstance, peu importante assurément, nous a suggéré cependant l'idée du travail qu'on va lire ; elle nous a porté à rechercher quels sont les cépages qui peuplent ce vignoble, soit qu'ils existassent dans le pays avant l'occupation française, soit qu'ils n'y aient été introduits que plus tard : nous en donnons ici une description, une espèce d'inventaire. Il nous a semblé qu'il pourrait être intéressant pour quelques-uns, utile pour d'autres, de connaître les différentes sortes de vignes que les colons ont ici à leur disposition, de savoir quels en sont les qualités et les défauts, quelles sont celles que, dans un but quelconque, ils doivent rechercher de préférence, celles aussi qu'ils peuvent avoir intérêt à écarter de leurs cultures, ou à n'y admettre que dans une proportion restreinte.

Notre travail ne comprend que des vignes existant à Tlemcen ou dans ses environs ; c'est le seul point que nous ayons ainsi étudié.

Ce travail n'est point complet, et il y a plusieurs raisons pour qu'il en soit ainsi : d'abord, il a été entrepris un peu tard, et lorsque déjà quelques espèces de raisins hâtives avaient disparu ; ensuite, et bien que le motif de nos investigations fût de nature à les faire accueillir favorablement, nous n'avons pu les faire aussi générales, aussi complètes que nous l'aurions voulu ; enfin, la dernière de ces raisons et la plus importante, c'est l'existence du double fléau qui, depuis plusieurs années, dévaste nos vignobles : l'oïdium et l'eumolpe, et dont l'étendue a singulièrement restreint nos recherches. L'oïdium, tout le monde le connaît ; aussi nous contenterons-nous de le mentionner. Quant à l'eumolpe, c'est un petit insecte bleu, doué de la double faculté de sauter comme la puce et de voler. Cet insecte apparaît dès le premier développement du bourgeon, en dévore les jeunes feuilles, et s'attaque même à la grappe. Bientôt après, il s'accouple et sa ponte donne naissance à des myriades de petits vers noirâtres qui, soit à l'état de larves, soit plus tard à l'état d'insectes parfaits, recommencent leurs ravages, et cela à plusieurs reprises, jusque bien avant dans la saison, frappant ainsi de stérilité et quelquefois de mort les vignes même placées dans les meilleures conditions.

Les dévastations causées par ces insectes ne sont certainement pas moindres que celles qui résultent de l'invasion de l'cïdium ; et il est à remarquer que si l'oïdium affecte de préférence les localités humides ou par trop ombragées, comme on peut l'observer dans la plupart des jardins de nos colons, où l'eau des arrosages, distribuée d'une manière seulement suffisante pour le besoin des autres produits de la culture, est certainement en excès pour la vigne, de son côté, l'eumolpe se porte plutôt vers les terrains secs ; en sorte que ni les uns ni les autres ne peuvent être considérés comme étant à l'abri de l'un ou de l'autre de ces deux fléaux. On comprendra facilement que ces ravages, malheureusement trop étendus, aient eu pour résultat de restreindre considérablement le cercle de nos recherches

Dans ces derniers temps, l'oïdium a sensiblement diminué d'intensité ; il est évidemment dans sa période de décroissement, et l'on doit espérer que d'ici à quelques années il aura entièrement disparu. Les moyens de guérison, en particulier l'emploi du soufre, appliqués par quelques colons, bien peu nombreux à la vérité, n'ont pas eu tout le succès qu'on croyait être en droit d'en attendre. Nous verrons à donner ailleurs l'indication de quelques autres procédés à l'aide desquels plusieurs personnes prétendent avoir obtenu cette guérison.

Quant aux insectes, on a préconisé et mis en usage divers moyens pour s'en défaire ; mais, pendant la période où ces insectes sont à l'état parfait, la facilité qu'ils ont à s'échapper a réduit à peu de chose le résultat des chasses

qu'on leur a faites. A l'état de larves, il était plus facile de
les détruire ; quelques colons qui, d'après nos conseils,
ont profité de ce moment, s'en sont bien trouvés ; mais,
pour généraliser les résultats, il aurait fallu que tous s'en-
tendissent pour faire ce travail en même temps ; c'est ce qui
malheureusement n'a pas eu lieu.

Dans tous les cas, de cette situation d'une double cause
de destruction agissant sur la vigne et sur ses produits,
ayant pour effet, non-seulement d'anéantir les récoltes,
mais encore de produire le rachitisme et souvent la mort
des ceps eux-mêmes, il est résulté que l'élan qui s'était
d'abord manifesté pour cette culture s'est arrêté bientôt,
et que même plus d'un colon, ruiné dans ses espérances au
sujet de vignes dont la plantation lui avait coûté fort cher,
a fini par les arracher ; il est heureux que cette résolution
extrême n'ait été prise que par un petit nombre d'entre
eux.

Cela suffit toutefois à expliquer comment il se fait que la
culture de la vigne n'a pas pris une plus grande extension
dans le territoire de Tlemcen, où elle trouve cependant,
tant pour le sol que pour le climat, sur plusieurs points,
les conditions les plus éminemment favorables.

Avant la conquête, les indigènes possédaient de nombreux pieds de vignes, formant treilles dans les cours de
leurs habitations, ou disséminés dans leurs jardins, dans
leurs plantations d'oliviers et partout en général où pou-
vaient se développer des arbres, quelle qu'en fût l'espèce ;
c'est sur ces arbres que s'élançaient les vignes, qui en at-
teignaient jusqu'à la cime, d'où ensuite leurs rameaux
redescendaient en longues guirlandes, les décorant avec
une sorte de profusion de leurs pampres verts et de leurs
grappes vermeilles. Le bois de Boulogne, près Tlemcen,
offre sous ce rapport les effets les plus singuliers, les plus
pittoresques. Là, ces vignes, que la serpe ne touche jamais,
se développant en pleine liberté et avec une luxuriance
vraiment prodigieuse, arrivent à un très grand âge et à
des dimensions considérables. Nous pouvons citer, particulièrement, dans la propriété du sieur Pancreau, une de
ces vignes dont la circonférence, à la souche, atteint 1^{m}65,
soit diamètre 0^{m}55. Il est impossible de se rendre compte,
même approximativement, de l'âge de cette vigne. Si, pour
satisfaire à cet égard une curiosité légitime, on établissait

la proportion entre le chiffre que nous offre cette circonférence et celle d'un autre cep de quinze ans, âge authentique et dont la circonférence mesure 0^{m}30, on trouverait, pour la vieille souche, 85 ans; mais, évidemment, ce chiffre est loin de représenter l'âge réel de la vieille souche; et, si l'on tient compte des diverses circonstances qui se produisent dans le grossissement du tronc des arbres dicotylédonés en général et de celui de la vigne en particulier, on demeurera persuadé que, même en multipliant par 3 ou par 4 ce nombre de 85, on n'atteindrait pas encore le chiffre de l'âge réel de la vigne dont il s'agit. De plus, en admettant qu'on vînt à l'abattre, il est plus que douteux qu'on pût rien préciser par le nombre des couches d'accroissement. Cet exemple de longévité de la vigne est d'ailleurs très remarquable. En décrivant ces vignes, nous en dirons plus loin les qualités et les défauts.

Il y a cependant ici une observation à ajouter : cette observation consiste en ce que la fructification, à cet âge, est loin de fournir d'aussi beaux et d'aussi bons produits que ceux qu'on peut obtenir sur des vignes de même espèce, mais plus jeunes d'âge. Ceci est rendu manifeste par l'existence, dans la même propriété, d'un autre pied de vigne de même sorte, vieux aussi, mais dont la grosseur et l'âge sont loin d'atteindre le premier. Celui-là est évidemment très près de la limite d'âge à laquelle il peut atteindre.

CHAPITRE PREMIER.

VIGNES ARABES. — Les auteurs qui ont parlé jusqu'ici des vignes de l'Algérie existant avant la conquête, n'ont cité que les espèces suivantes, trouvées, disent-ils, chez les Arabes.

Le *raisin de Dellys*, le *Jouannen hâtif*, le *verdal*, la *panse grosse commune*, le *muscat d'Alexandrie blanc*, le *Marocain*, le *cornichon blanc* et le *fameux raisin de la Palestine*; le *Malaga*, le *Barbarou* ou *raisin grec* et une espèce de *chasselas* différent du nôtre.

De tous ces cépages, on ne trouve guère aux environs de Tlemcen, dans les vignes arabes, d'une manière à peu près certaine, que le *cornichon blanc ;* l'existence des autres, pour la plupart, nous semble au moins douteuse.

Passons, au reste, en revue ceux qui se rencontrent ici.

Premiere catégorie. — Nous commencerons par les variétés à gros grains, durs et charnus, non musqués : elles présentent, comme caractère commun, d'avoir la feuille très peu échancrée, lisse, quoique gaufrée plus ou moins, et souvent luisante en dessus, non cotonneuse en dessous.

La majeure partie est à grains allongés, olivoïdes ; quelques autres à grains ronds.

Le gros raisin noir des Beni-Snassen. — *Moscatel de Xixona.* — 1° Le premier est un raisin noir, quelquefois seulement violâtre quand il n'a pas atteint sa parfaite maturité, ou dans les parties qui ont été privées trop complément de l'aspect du soleil. Grains oblongs, durs et charnus, très gros et atteignant communément 20 à 25 millimètres de long. Ses grappes prennent, comme chez la plupart des espèces qui suivent, un fort développement ; j'en ai recueilli, dans le village de Bréa, sur une treille bien entretenue de la maison du sieur Béni, une grappe du poids de 1 kil. 850 gr.; cette grappe était dans toute sa perfection. On m'a assuré qu'il s'en rencontrait de beaucoup plus fortes et qui allaient jnsqu'à 3 et 4 kil. On retrouve cette variété chez plusieurs particuliers, à Tlemcen, notamment chez Mme veuve Étienne, aussi à la belle treille au bas de la rue de Mascara ; il m'en a été apporté d'Ouridan. Cette espèce est fréquente chez les Arabes ; ils la connaissent ici sous le nom de *Aïneb-di-Lak'hal* des Beni-Snassen. Aïneb-di-Lak'hal, que l'on peut dire aussi Aïneb-el-K'hal, signifie raisin noir. Nous verrons cette expression employée plus loin pour d'autres variétés. Du côté d'Oran et sur le littoral à l'Est, celle-ci est plus connue sous le nom de : *Cherchali,* du nom de la ville de Cherchel. Enfin, en Espagne, d'où elle serait originaire, elle porte le nom de *Moscatel de Xixona.*

Les grains en sont généralement très serrés, en double ou triple rang sur la grappe. Celle-ci affecte communément la forme d'une pyramide renversée, lorsque le développement a pu s'en faire d'une manière normale. Le grain, ferme et charnu, à peau épaisse, n'est pas juteux, médiocrement sucré, impropre tout à fait à la fabrication du vin, ainsi qu'à celle des raisins secs; les grains, trop serrés, pourriraient au lieu de sécher. Il est d'ailleurs très médiocre comme raisin de table. On en fait au reste d'excellentes confitures, en Espagne comme à Tlemcen, et on en obtient par la cuisson, et au moyen de la pression, un sirop très doux, qui, additionné d'alcool et aromatisé, forme une liqueur de dessert très agréable·

Gros raisin gris ou violet — *Valensyn commun.* — 2° Celui qui vient ensuite est également à fortes grappes pyramidales, à grains un peu moins serrés que le précédent, d'une couleur violette ou verdâtre, suivant qu'ils ont été plus ou moins exposés au soleil; ces grains sont gros, olivoïdes, à peau épaisse, à chair ferme un peu plus juteuse que le précédent; la qualité en est encore moindre; il sert d'ailleurs aux mêmes usages. Il est très attaqué par les guêpes et par les abeilles et très pourrissant. On le rencontre en abondance sur le marché, et les vignes qui le produisent sont fréquentes chez les Arabes. Dans les jardins européens, je ne l'ai guère observé que chez M. Pons, où je l'ai confondu d'abord avec le suivant. Les Arabes le désignent sous le nom de : *Aïneb-di-Lah'mar bou Amar,* ou simplement : Aïneb-Ah'mar bou Amar. Ah'mar signifie rose ou rouge; bou Amar serait un nom de personne. Originaire également d'Espagne, c'est une variété du *Valensyn* des Espagnols.

Gros raisin rose ou rouge. — *Valensyn planta del Rei.* — 3° Après celui-là vient un raisin rose ou rouge, ou blanc verdâtre, selon qu'il a été de même plus ou moins soumis aux influences de l'insolation, — également à très fortes grappes, moins serrées encore que le précédent, à grains de même grosseur, olivoïdes, à chair ferme et croquante, à peau épaisse, saveur assez douce et même fine, et très agréable à parfaite maturité. Des grappes choisies de cette variété orneraient très bien un dessert, et, malgré la grosseur des grains, elles pourraient être mangées avec plaisir. Celui-ci, moyennant qu'on le garantisse de l'attaque des guêpes et des abeilles, se conserve très bien frais après la treille; il n'est pas rare d'en voir encore en janvier, bien que la maturité s'en produise ici communément fin septembre ou au commencement d'octobre. A Mascara, où il abonde, on en fait le vin blanc de ce nom; de plus, on l'y emploie à la préparation de raisins secs de très bonne qualité. Il y est connu sous le nom de : *Aïneb del Bordj*. ou *Bordjia*, du nom d'un village arabe où il était principalement cultivé; ce lieu, du reste, a été occupé par les Espagnols. Ici, il est plus connu des Arabes sous le nom de : *Aïneb di lah'mar*, ou *Aïneb ah'mar*, littéralement, raisin rose ou rouge. En Espagne, où il est très-répandu, et d'où il a été importé, il porte celui de *Valensyn-planta del Rei* (a).

Les vignes qui le produisent ici sont très-multipliées; nous en avons reçu des grappes de MM. Finaton. Mourot, Pons. Darmon, Thierry, nous en avons reçu également du caïd d'Ouridan, enfin, nous avons été à même de l'observer dans plusieurs maisons de la ville.

RAISIN CORNICHON. — 4° Immédiatement à la suite, nous croyons devoir placer le *raisin cornichon*, préférant rejeter un peu plus loin les variétés à grains ronds. qui, malgré leur analogie avec celle qui précède, figureront ci-après sous les n°s 5, 6 et 7. Celui-ci donc, qui est connu sous ce nom dans tout le midi de la France, porte ici chez les Arabes, le nom de : *Aïneb di bazzoull el fras*, et à Oran, celui de : *Bezoula m'ta el fress*, ou, selon les grammairiens, *Bezoulat el fress*, littéralement pis ou mamelle de jument, — indiqué dans d'autres pays sous des noms analogues. Les grappes en sont longues et lâches, les grains assez fermes et très-allongés; saveur assez insignifiante. Ce n'est certes pas un raisin que l'on doive rechercher, ni pour la cuve, ni pour la table. Il est cependant très répandu en France, en Espagne, en Italie, en Perse et dans tout l'Orient, — sans doute à cause de sa singularité. Séché, il n'est pas sans mérite, et sa conservation et sa préparation dans ce but ne présentent pas de difficultés.

Le comte Odart, à l'article qu'il consacre à ce raisin, mentionne une variété violette du même; elle nous a été servie une ou deux fois, et, par là, nous avons pu reconnaitre qu'elle existe à Tlemcen.

La variété principale, à fruit blanc, nous a été remise par le caïd d'Ouridan; nous en avons trouvé un cep chez M. Pons, à Tlemcen; elle nous a semblé d'ailleurs être rare

---

(a) Dans son ampélographie, le comte Odard cite le *Valency* et ajoute, d'après don Simon Roxai Clemente, qu'à Bazas on le préfère pour conserver à cause de sa saveur plus agréable.

ici. A Tlemcen, elle ne prend pas le développement que, dit-on, elle prend ailleurs : cela tient-il au climat, ou bien ne serait-ce pas l'espèce type? Dans l'Ampélographie, nous voyons figurer, sous les noms : *Pizzutello di Roma, Trebbiano di Spagna, Trebbiano Perugino*, et à Marseille, *crochu*, une variété du même, beaucoup plus petite, et jouissant à peu près des mêmes qualités. L'auteur de l'Ampélographie dit à son sujet : Il s'en fait une grande consommation à Rome, et il ajoute plus loin : Il serait cultivé en Espagne. On peut voir dans tout cela que le doute que nous avons exprimé plus haut s'étend même à cette espèce, qui pourtant est si facile à reconnaître.

Ce peu de développement du raisin cornichon lui donne une certaine ressemblance avec l'adari, dont il sera question plus loin. L'adari, au reste, sort de la classe des raisins durs et charnus ; c'est pourquoi nous le renvoyons à la catégorie suivante.

Les trois variétés qui suivent sont à grains ronds.

Gros raisin rose rond. — *Valensyn.* — 5° L'une, sauf la forme des grains que nous venons d'indiquer, ressemble à s'y méprendre au n° 3 ; couleur rosée (rose vinaigre), grains gros, demi-durs, demi-juteux, bien sucrés : grappes assez fortes, peu serrées ; feuilles, comme dans les précédents, très-peu échancrées, non cotonneuses en dessous, lisses, un peu gaufrées et presque luisantes en dessus. Elle marche l'égale en qualité du n° 3, si même elle ne lui est supérieure. Nous ne l'avons observée que dans une maison, chez un Arabe, qui habite à l'entrée à gauche de la dernière et longue impasse à droite, en descendant la rue de l'Abattoir. Les Arabes ne la distinguent pas du n° 3 ; c'est pour eux encore un *Aïneb di lah'mar* ou *Aïneb ah'mar*. En Espagne, elle porte seulement le nom de *Valensyn;* elle participe des bonnes qualités qui caractérisent les plantes de ce nom.

Gros raisin blanc dur. — *Valensyn Clugydero.* — 6° Un raisin blanc, à grains ronds ou peut-être un peu oblongs, gros, demi-durs, demi-juteux, bien sucrés ; grappes assez belles, médiocrement serrées ; feuilles très-peu échancrées, non cotonneuses en dessous, lisses et un peu luisantes en dessus. Raisin, comme le précédent, d'excellente qualité pour la table et pour la caisse. Nous avons observé cette précieuse variété chez le nommé

Dupuy et au Cercle militaire. Dans ce dernier endroit, il garnit une fort belle treille ; et nous avons pu y en apprécier l'excellence, les quelques raisins qui se trouvaient encore sur la treillle ayant acquis alors une parfaite maturité. Sous l'influence de conditions favorables, il prend une teinte blonde ou ambrée, qui le rend plus appétissant. Le sieur Dupuy nous a assuré en avoir conservé plusieurs années de suite, sur sa treille, jusqu'en janvier. Les Arabes le connaissent sous le nom de *aïneb di Labiad*, ou *el aïneb el abiad*, raisin blanc à gros grains. C'est le *Valensyn Clugydero* des Espagnols ; chez eux il est également réputé de bonne garde.

AUTRE RAISIN BLANC. — *Kantris des Arabes*. — 7° A côté de celui-ci nous devons placer un raisin qui paraît en être une variété, mais que les Arabes ont distingué sous le nom de : *Aïneb del Kantris* ou *Aïneb el Kantris* ; Kantris signifie : de peu de durée, ou encore, qui se gâte, qui se pourrit. Ce raisin, en effet, passe vite. Il a avec le labiad la plus grande ressemblance extérieure ; grains gros, plutôt ronds qu'ovoïdes, blancs, assez charnus, mais peu sucrés ; grappes quelquefois doubles, volumineuses, ailées et suffisamment allongées ; feuilles non cotonneuses, étoffées, lisses en dessus et un peu gaufrées, moyennement échancrées, plus que les précédents, mais beaucoup moins que ne le sont ceux dont la description va suivre. Ce raisin n'est pas tout à fait sans mérite.

Les sept variétés qui viennent d'être décrites appartiennent incontestablement à une seule et même famille ; la similitude presque absolue du feuillage, les rapports ensuite que le fruit présente de l'une à l'autre, établissent cette parenté : les variétés qui vont suivre immédiatement s'en sapprochent, mais sous certains rapports seulement.

DEUXIÈME CATÉGORIE. — RAISIN ADARI. — 8° *Aineb del adari*, ou suivant les grammairiens, *aïneb el adari*. Raisin adar. Il est difficile de donner une explication satisfaisante au sujet de ce nom. Est-il emprunté à quelque nom de localité ; rien ne le fait croire. Pourrait-on le ramener à cette explication qu'en Algérie, l'adar est l'habitant des villes, jouissant de plus de douceurs que l'habitant de la tente ; il paraît que les lettres à l'aide desquelles s'écrit en arabe ce nom : *aïneb el adari*, exclut positivement cette manière de voir. Enfin, une troisième interprétation tendrait à le dériver de adra, vierge; au pluriel adari. Nous livrons la question en cet état, nous n'essaierons pas de la résoudre. Grains blancs, olivoïdes, juteux et assez charnus, d'une grosseur variable, plutôt moyenne, couleur souvent ambrée, peau fine; saveur suffisamment sucrée et agréable. Les grappes sont très allongées, ailées à la partie supérieure, étroites et effilées dans le bas; pédoncule et pédicelles longs. Bonne variété pour la table, impropre d'ailleurs à la fabrication du vin, peu susceptible d'être gardée ni séchée. Les feuilles conservent le caractère des variétés précédentes; elles sont peu échancrées, nullement cotonneuses en dessous, assez lisses en dessus. La plante paraît fertile.

RAISIN KOURCHI. — 9° *Aineb del kourchi*, ou grammaticalement *aineb el kourchi*. Raisin blanc. Nous avons sous ce nom deux espèces parfaitement distinctes; nous n'en plaçons ici qu'une, celle qui a du rapport avec les précédentes; l'autre trouvera sa place plus loin.

Celle-ci donc est à grains un peu plus que moyens, de forme olivoïde très prononcée, juteux, pas trop ou plutôt très peu sucrés, doués d'une âpreté très sensible, et notablement inférieurs en qualité à l'adari, auquel elle ressemble pour l'aspect extérieur d'une manière presque complète. Grappes également longues et étroites; feuilles peu échancrées, nullement cotonneuses en dessous, lisses en dessus. Il n'est pas jusqu'à la grosseur des pepins qui ne la rattache aux précédents, chez lesquels ce caractère, aussi bien que celui résultant du feuillage, est d'une constance remarquable. Ce raisin se conserve difficilement, et le produit qu'on obtient de sa dessiccation est très médiocre; il est d'ailleurs complétement impropre à la fabrication du vin. Ce n'est point une variété à propager.

Nous avons dit que les cépages qui viennent d'être passés en revue offraient pour caractère principal et commun à tous d'avoir un feuillage très peu échancré, lisse en dessus, non cotonneux en dessous : ceux qui vont suivre ont au contraire des feuilles profondément découpées et souvent cotonneuses en dessous.

RAISIN FERRANA. — 10° La première de cette catégorie doit exister ici depuis longues années, ainsi que l'atteste la souche dont nous avons parlé plus haut. Cette souche, sui-

vant nous, n'a pas moins de 400 ans. C'est elle qui nous a
fourni les premiers raisins que nous ayons eus de cette variété. C'est un raisin blanc, à grains plutôt petits que
moyens, ronds ou un peu ovoïdes, à peau fine, susceptibles
de se dorer sous l'influence du soleil, juteux, saveur un peu
âpre ; la grappe est longue, mince, lâche, médiocrement
fournie, parfois cependant très ample ; mais cette condition, ainsi d'ailleurs que celle du grossissement du grain,
se rencontre plutôt dans les jeunes ceps et dans ceux-là
surtout auxquels a été appliqué le bénéfice de la taille. Dans
ceux-ci on rencontre des grappes dont le poids va jusqu'à
un kilogramme, et peut être davantage. Les raisins de la
vieille souche, au contraire, sont maigres sous tous les
rapports ; il y a là des signes de décrépitude. Dans tous,
pédoncule et pédicelles longs et grêles ; feuilles petites, découpées profondément non cotonneuses. Ce raisin est susceptible de se passeriller, et les produits qui en résultent sont
bons, quoique un peu maigres. Ils ont d'ailleurs la plus
grande ressemblance avec les petits raisins secs qui nous
viennent d'Espagne, telle même que nous sommes persuadé
que les cépages qui les fournissent sont les mêmes ou très
voisins. Ce que nous disons ici sur ce sujet est le résultat
de notre propre expérience. En effet, pour chacun des cépages dont nous donnons ici la description, nous avons
réuni des grappes de plusieurs provenances, et nous
les avons soumises à la dessiccation, dont nous consi-
gnons ici les résultats. Indépendamment de la propriété
du sieur Pancrace, au bois de Boulogne, où nous avons
recueilli en premier lieu cette variété, nous l'avons trouvée encore dans les cultures du sieur Jean Antoine, à
Tlemcen, du sieur Roche, à Mansourah, etc. Ceux-ci les
tiennent en vignes basses. Jean Antoine le désigne sous le
nom de *plant de Mascara* ; suivant lui, il serait là très-
répandu. Il paraît fertile et susceptible de donner à la cuve
qualité et abondance. La pesanteur des grappes et la mol-
lesse du support des fruits font que ceux-ci, en vigne
basse, traînent sur le sol ; on dirait, à les voir sous le ceps,
une couffe ou pannerée de raisins qui aurait été ainsi répandue. La grosseur du pepin le distingue nettement de
celui qui va suivre, avec lequel il a d'ailleurs les plus grands
rapports et la plus grande ressemblance. Les Arabes le
désignent, ainsi d'ailleurs que le suivant, sous le nom de :

Aïneb di labiad, ou *aïneb el abiad* (raisin blanc), variété : *ferrana*.

Raisin Ferrana. — *Variété.* — 11° Celui-ci ressemble au précédent, au point de permettre qu'on le confonde avec lui ; il y a cependant entre eux cette différence de la grosseur des pepins que nous signalions tout à l'heure. Les pepins ici, quoique renfermant une amande bien conditionnée, sont très petits et paraissent comme atrophiés ; c'est peut-être cette circonstance qui l'a fait prendre par quelques-uns pour le Corinthe blanc. Et cette particularité n'est point un accident ; elle est constante. Le raisin d'ailleurs est plus fin, plus sucré, plus facile à conserver frais, aussi de qualité supérieure à l'état sec. A cause de ces qualités, il pourrait se faire qu'on l'eut pris pour le raisin de Dellys ; mais la description donnée du raisin de Dellys dit que les grains en sont oblongs ; ceux-ci au contraire sont sensiblement ronds et plus petits. Des personnes d'ailleurs, qui disent parfaitement connaître le raisin de Dellys, affirment que ce ne l'est pas. Nous ne pouvons guère émettre personnellement notre opinion à ce sujet. Les grappes sont amples, volumineuses. Le sieur Félix Roux, de Mansourah, chez lequel il était cultivé avec succès, en a récolté du poids de deux kilogrammes. Il l'a vendu en totalité comme raisin de table, et il mérite, à cet égard, d'être préféré à la plupart de ceux que nous avons examinés jusqu'à présent. Il doit être également très bon pour la cuve, et nous le croyons susceptible de donner, aussi bien que le précédent, du vin de bonne qualité. Il existe aussi chez les Arabes ; c'est pour eux encore un raisin blanc. (*Aïneb di labiad*, variété *Ferrana*.)

Ces deux dernières variétés et quelques autres que nous n'avons pu observer suffisamment sont cultivées à Bréa, où on les emploie à la fabrication du vin. L'adjoint de cette localité, le sieur Lombard, en a obtenu un vin sec et spiritueux dont le goût et les propriétés se rapprochaient de ceux du vin de madère proprement dit. Nous avons goûté chez lui de ce vin, provenant d'une année où la maladie n'avait eu que très peu d'influence, et nous avons dû reconnaître ce fait remarquable. Depuis lors, grâce à la maladie, les récoltes ont été nulles ou n'ont rien valu. Bréa, du reste, est éminemment propre, par sa position et la nature de son sol, à donner du vin de bonne qualité.

Raisin Kourchi, n° 2. — 12° Une autre sorte de raisin blanc, ou un peu verdâtre, à grappes ailées, coniques, assez fortes, à grains moyens, un peu oblongs ou ronds (les grappes en portent de l'une et de l'autre forme), trop serrés, bien sucrés, lorsqu'ils sont arrivés à bonne maturité. Malheureusement l'état compacte des grappes rend ce raisin très pourrissant; et, comme il a la peau fine, les guêpes et les abeilles l'attaquent bientôt et n'en laissent guère. Il faut se hâter alors de le cueillir et de le soustraire à leur rapacité. Les feuilles sont grandes, très profondément découpées, non cotonneuses. Les grapillons laissés sur la treille, et qui ont eu la chance d'échapper aux attaques des mouches, prennent une teinte plus claire et une très grande douceur. Il est probable qu'en le plaçant dans des conditions convenables de chaleur, de sécheresse et d'insolation, on obtiendrait amélioration dans sa couleur et dans sa qualité. La treille, en effet, d'où nous l'avons tiré, garantie en grande partie de l'ardeur du soleil par un pignon élevé qui la dominait au midi, était encore rafraichie journellement par les arrosages fréquents donnés à la cour que cette treille recouvrait.

Tel que nous avons pu le juger, ce serait plutôt un raisin de table qu'un raisin de cuve; nous craindrions cependant de nous tromper, si nous affirmions que, dans ce dernier emploi, il ne donnerait pas des résultats satisfaisants : peut-être même sa promptitude à pourrir serait-elle une nécessité de l'employer ainsi.

C'est pour les Arabes un *Aïneb del Kourchi* ou *Aïneb el Kourchi*, un raisin blanc. Nous avons déjà vu (plus haut, n° 9) ce nom appliqué par eux à une autre espèce qu'il est impossible d'ailleurs de confondre avec celle-ci, pas plus pour le feuillage que pour la forme du grain et des grappes, aussi bien que pour les autres conditions. Les différences sont telles que nous avons dû les ranger l'un et l'autre dans des catégories différentes. Nous avons observé celui-ci sur une treille de la maison Kopp, où nous habitons.

Nous répétons ici, en finissant la description de ces deux premières catégories, ce que nous avons déjà indiqué plus haut, à savoir qu'il peut se faire qu'il existe d'autres variétés de vignes devant être classées dans l'une ou dans l'autre des dites deux catégories, et qui auraient été cultivées par les Arabes avant la conquête. Nous croyons en avoir remar-

qué chez plusieurs colons ; mais, nous n'avons pu les observer assez complétement pour qu'il nous soit possible de
rien dire de précis à leur sujet. Il nous semble plus prudent
de remettre à une autre année pour continuer et compléter
l'étude que nous présentons ici. Nous passons donc immédiatement aux cépages à raisins noirs.

TROISIÈME CATÉGORIE. — RAISIN NOIR. — *Lak'hal*, nº 1.
— 13º Chez le sieur Parrodi, jardinier, nous avons recueilli
un raisin noir, à grappe lâche, allongée, étroite, grains
assez gros, ronds, noirs et bien fleuris : maturité pas très
égale, offrant sur la même grappe des grains verts mêlés
aux grains mûrs. Le sieur Parrodi cultive toutes ses vignes
en treilles hautes, qui forment les séparations entre les
grandes planches en lesquelles il a divisé son jardin. Nous
avons observé, dans la propriété de M. Finaton, négociant
à Tlemcen, laquelle est très voisine du sieur Parrodi, une
variété de raisin noir qui présente la plus grande ressemblance avec celle-ci. Nous aurions été tenté de l'y rapporter,
si M. Finaton ne nous eût affirmé qu'elle était d'introduction récente, tandis que celle du sieur Parrodi est notoire-
ment ancienne dans le pays. Nous donnerons du reste en
son lieu la description de celle de M. Finaton. Revenant
donc à celle du sieur Parrodi, c'est une variété plutôt propre à la cuve qu'à tout autre usage, et qui doit, nous le
croyons, donner du vin de bonne qualité. Nous ne pouvons
rien dire encore de sa fertilité. Pour les Arabes, c'est,
comme la plupart de ceux qui vont suivre, un raisin noir.
Aïneb di Lak'hal, ou mieux, comme nous avons vu plus
haut, *Aïneb el K'hal*.

AUTRE RAISIN NOIR. — *Lak'hal*, nº 2. — 14º Chez
M. Pons, un autre raisin noir, également d'origine arabe ;
maturité plus tardive que le précédent ; gros grains,
ronds, noirs, un peu rougeâtres, très juteux, très sucrés,
à parfaite maturité ; peau épaisse ; pédoncule et pédicelles
très courts (sous tous ces rapports, il diffère du précédent) ; raisin excellent pour la cuve ; feuilles fortement
échancrées, cotonneuses au-dessous ; mais le duvet y est
disséminé par petites houppes. Ce raisin, qui pour les
Arabes est encore un raisin noir, *Aïneb di Lak'hal*, nous
paraît avoir beaucoup de rapports avec le *Marocain du midi
de la France.*

A propos de ce nom de Marocain, peut-être ne sera-t-il

pas hors de saison que nous jetions un coup d'œil en arrière. En commençant ce travail, nous avons rappelé des
articles antérieurs portant les noms des cépages trouvés
chez les Arabes. On y signalait un Marocain ; mais l'auteur
de l'ampélographie en mentionne deux. Peut-être pourrait-
on en supposer un troisième, en admettant comme possible
que l'auteur originaire de cet article aurait en vue un cépage tiré plus ou moins authentiquement du Maroc ; et
notre Lak'hal des Beni-Snassen pourrait être dans ce cas.
Les Beni-Snassen sont Maroc. Lequel sera-ce donc ? L'auteur de l'article, auquel ici nous faisons allusion, possédait
pourtant une collection de six cent six espèces de vignes,
qu'il voyait fructifier, et qui aurait permis de donner des
descriptions dont aujourd'hui on pourrait tirer parti. L'ampélographie du comte Odart était à sa deuxième édition,
et cet ouvrage, d'une inappréciable utilité, lui fournissait
un excellent modèle de ces sortes de descriptions, outre la
multiplicité des renseignements qu'il renferme. Qu'on nous
permette donc d'exprimer ici le regret que nous cause l'absence de ces descriptions.

Autre raisin noir. — *Lak'hal*, n° 3. — Parmi les raisins qui ont été vendus sur le marché par les Arabes, et
que les Européens ont employés à la fabrication du vin,
nous avons pu en observer une autre variété à grappes
moyennes, légèrement allongées et minces, à grains noirs,
petits plutôt que moyens, et qui paraît prédominer dans
leurs jardins. Le vin qu'on en obtient, lorsque la fabrication en est bien conduite, est de bonne qualité, et nous en
avons bu, dans plusieurs maisons de Tlemcen, qui aurait
pu être comparé, sans trop de désavantage, à quelques-uns
de nos bons vins de France. Citons ici M. le commandant de
place, lieutenant-colonel, Bernard. Nous ne conseillerons
pas aux colons d'introduire ce plant dans leurs cultures ; il
n'est pas, ou du moins nous ne le croyons pas assez pro-
ductif, et nous craindrions qu'il les laissât en perte. Le raisin n'est pas gros, les grains sont plutôt petits, et les pepins
y occupent une place considérable. Toutefois, à l'époque
de la récolte, il y a avantage à en acheter des Arabes. Le
vin qu'on en obtient est toujours beaucoup moins cher,
meilleur et plus salubre que tous ceux qu'on apporte de
France et d'Espagne. C'est encore pour les Arabes un raisin noir, *Aïneb di Lak'hal* ; nous allions presque dire un :

Zberbour, qui signifie moins bon, moins beau; mais nous réservons cette dénomination pour le suivant.

Raisin sauvage. 16° Le *Zberbour*, nous venons d'en indiquer le sens ; peut-être ferions-nous mieux de le passer complétement sous silence; il est en effet à peu près de nulle valeur. Les grappes sont excessivement petites et maigres ; le grain noir, d'une petitesse extrême, presque dépourvu de jus ; les pepins y occupent à peu près complétement la capacité de l'enveloppe. Ce sont les dimensions du Corinthe ; mais la différence est radicale : dans le Corinthe, en effet, les pepins sont complétement avortés; ici, au contraire, ils tiennent toute la place. Ce n'est pas dans leurs jardins que les Arabes le récoltent, mais dans les ravins incultes, le long des haies et des buissons, sur des vignes sauvages qui s'y étalent à plaisir. C'est bien là l'emblême de l'Arabe qui, dans son insouciance, dans son impuissance à rien créer, laisse revenir à l'état sauvage les végétaux même les plus précieux. Le mélange qu'ils font de ces raisins avec quelques-uns des précédents constitue une véritable fraude qui, en bonne justice, serait punissable ; mais la fraude est tellement passée dans leurs habitudes, qu'on ferme les yeux sur celle-là comme sur bien d'autres.

Raisin gris.— *Planta de Mula.*— 17° Nous terminerons cette catégorie par la description d'une espèce dont l'existence ici est également antérieure à la conquête : c'est celle qui en Espagne est connue sous le nom de : *Planta de Mula.* C'est un raisin gris ou violet, à grappes grandes et fournies, dont le poids va fréquemment à plus de 2 kilogrammes, ailées, puis longues et effilées par en bas, bien garnies de grains ronds, communément assez gros, parfois même d'une grosseur très remarquable, à peau fine, très juteux, suffisamment sucrés et pouvant fournir du vin en abondance. Lorsque les grains de ce raisin atteignent leur plus fort développement, on pourrait le prendre au premier abord pour le lah'mar bou amar décrit sous le n° 2. Il s'en distingue par la rondeur de ses grains, la finesse de sa peau, l'abondance de son jus et par toutes ses autres qualités. Le vin qu'on en obtient est naturellement peu coloré; mais la qualité n'en saurait être mauvaise. Cette absence de coloration le fait tenir dans le commerce en Espagne à un prix beaucoup moindre. Les premières grappes nous ont été remises par un Espagnol, le sieur Guirau, établi à Tlemcen, qui en avait apporté d'Espagne quelques pieds. Plus tard, nous l'avons vu en abondance exposé sur le marché, où les abeilles et les guêpes le dévoraient. Enfin, nous en avons pu voir un lot considérable que le sieur Gérard avait acheté et cueilli lui-même dans un jardin arabe de Sidi-Bou-Médine.

Ce cépage est cultivé dans une grande partie de l'Espagne, et particulièrement à Archena-les-Bains, province de Murcie. A Oran, au 1er novembre, les marchés en étaient couverts; ils y étaient apportés d'Espagne. Ce n'est certainement pas un raisin à servir sur une table somptueuse ou délicate; mais, comme la vente s'en prolonge dans un temps où la plupart des autres ont disparu, il est encore accueilli favorablement. Il mérite d'ailleurs à plus d'un titre d'être propagé : seulement, pour la cuve, il conviendra de lui associer en proportion suffisante un plant noir qui puisse fournir la couleur et soutenir la qualité.

Maintenant que cette première partie de notre travail est terminée, avant de passer à la seconde, nous demandons à consigner ici quelques observations.

Observations
au sujet des vignes décrites dans le chapitre qui précède.

PREMIÈRE OBSERVATION. — *Beaucoup de ces vignes sont tirées d'Espagne.* — Il en est une qui nous parait devoir marcher la première; c'est celle relative à la prédominance des cépages évidemment tirés d'Espagne.

Le n° 1, *Moscatel de Xixona;* le n° 2, *Valensyn;* ou, comme l'écrivent les Espagnols, *Balensyn* et *Baulensyn;* le n° 3, *Valensyn planta del Rei;* le n° 5, encore un *Valensyn;* le n° 6, *Valensyn Clugydero;* le n° 17, *planta de Mula,* auxquels nous adjoindrons les deux *Ferrana* des Arabes, nos 10 et 11 de notre description. (Nous négligeons, comme on le voit, d'y comprendre le *raisin Cornichon,* probablement *trebbiano di Spagna,* décrit sous le n° 4, auquel nous pourrions bien attribuer la même origine.) Voilà bien authentiquement huit espèces ou variétés originaires d'Espagne. Pour les Ferrana, on peut voir, à ce que nous avons dit à leur article, quelles sont les raisons qui nous portent à leur attribuer cette même origine. Sans doute, leur introduction ici est fort ancienne, puisque la vieille souche remonte au moins à 400 ans; mais on ne devra pas perdre de vue que les relations entre ce pays-ci et l'Espagne remontent bien haut dans l'antiquité des temps : d'une part, l'établissement des Maures en Espagne, qui dura plus de six siècles, à partir de l'an 712 jusqu'à 1492 (a), que la ville de Grenade tomba au pouvoir des Espagnols, et que les Maures furent définitivement expulsés ; de l'autre, la domination espagnole sur la province d'Oran, laquelle ne finit qu'en 1792. On sait d'ailleurs que les Espagnols possèdent encore quelques points sur le littoral du Maroc, points qui sont en ce moment l'occasion de la guerre que l'Espagne entreprend contre ce pays. Les circonstances politiques que nous venons de rappeler suffisent à expliquer la prédominance que nous venons de signaler ; et vraiment, il y aurait plutôt lieu d'être surpris qu'il en fût autrement.

Deuxième observation. — *Les raisins bons à être mangés en nature prédominent.* — Une autre observation est celle-ci : l'examen de la nature des cépages amène à reconnaître que le nombre de ceux dont le raisin doit être mangé en nature, frais ou sec, l'emporte sur celui des espèces propres à faire du vin : les habitudes religieuses de la population suffisent à expliquer cette préférence. Et, quant au reproche que font quelques personnes aux vignes de ce pays de ne fournir guères que des raisins grossiers et peu dignes d'être recherchés par des bouches délicates ; la réponse à ce reproche est dans la nature même de la population, dans l'état en quelque sorte élémentaire et grossier de sa civilisation. Pourvu que l'Arabe puisse satisfaire à ses besoins matériels, et il n'est pas délicat à cet égard, que lui importe le reste.

On a beaucoup vanté les dimensions et le poids auquel atteint le fameux raisin de la Palestine ; mais, en vérité, cet avantage n'est point particulier à cette espèce de raisin ; parmi les variétés dont la description précède, il en est plusieurs sur lesquelles ce même phénomène a pu être observé. On serait tenté de croire que l'influence du climat est pour quelque chose dans l'énorme développement que prennent ici les raisins d'un grand nombre d'entre elles.

Troisième observation. — *Dénomination des raisins*

(a) C'est en 1494 que mourut à Tlemcen le dernier roi maure de Grenade, Abdou-abd-Allah, plus connu sous le nom de Boabdill ; l'épitaphe de ce prince a été retrouvée à Tlemcen par M. Brosselard, son sous-préfet actuel.

chez les Arabes. — Comme on l'a vu, le mot *raisin* s'exprime en arabe par *aïneb*, que le vulgaire bien souvent prononce : **Enabe** (*a*).

A ce mot *aïneb*, les Arabes en ajoutent d'autres pour distinguer les variétés entre elles, particulièrement pour en distinguer la couleur ; ainsi :

El abiad, pour certains blancs ; ils prononcent l'ébied, ou l'ébict.

El kourchi pour d'autres sortes de raisin blanc : on ne saurait dire si ce mot est emprunté à un nom de famille ou à un nom de localité. — *El ah'mar*, pour les raisins roses ou rouges. — *El khal*, que d'autres disent : *L'khal Lek'hal*, pour les raisins noirs. A quelques-unes de ces dénominations, ils en ajoutent quelquefois d'autres, pour établir une distinction plus avancée entre des espèces ou des variétés appartenant à la même couleur. C'est ainsi que, pour désigner le raisin rose violet, à *el ah'mar*, ils ajoutent : *bou amar*, qui paraît être un nom de personne ; c'est ainsi encore qu'à *el k'hal*, noir, ils ajoutent la désignation des *Beni-Snassen*, ou toute autre.

Ils ont, comme on l'a vu, d'autres appellations, celle entre autres de *Bezoulat el fress*, que nous avons vu varier quant à la forme, mais dont la signification est assez précise ; celle aussi de *kantris* ; celle enfin de *Zberbour*.

Le mot *Ferrana* pourrait avoir une origine espagnole ; si cela est, ce serait le seul exemple à nous connu d'un pareil emprunt.

Ce vocabulaire n'est pas riche ; mais, pour des Arabes, qui n'ont d'autres soucis presque que ceux de la vie matérielle, et encore la plus grossière et la plus commune, c'est suffisant. Ce n'a pas été sans peine que nous avons pu obtenir ces quelques documents : nous croyons qu'il serait bien difficile d'en augmenter le nombre.

QUATRIÈME OBSERVATION. — Dans son ampélographie, le comte Odart, à l'article du *Gros damas* du littoral de la

---

(*a*) Voici un renseignement qui nous est fourni par notre estimable am M. Uri, professeur à l'école israélite française à Tlemcen :

Dénomination du raisin { hébraïque, singulier, *anab*, pluriel, *anabime*. en langue { chaldéenne, — *ineb*, — *inebine*.

Le *Talmud*, écrit en syriaque, a conservé ces deux dénominations. Il paraît donc que le mot *anab* ou *einab* était généralement adopté en Orient pour désigner ce fruit.

Méditerranée, lui donne comme synonymes, *Zibibbo* des Italiens, et *Zibib* des Arabes : nous avons voulu vérifier l'exactitude de cette dernière dénomination, et nous avons été à même de reconnaître qu'ici, du moins, les Arabes ne désignent nommément par le mot *Zibib* aucune espèce ou variété de raisin ; ils emploient ce mot exclusivement pour désigner toute espèce de *raisin sec*.

CINQUIÈME OBSERVATION. — L'auteur Jullien, dans sa topographie de tous les vignobles, p. 97, dit que les vignes qui produisent le fameux vin de Constance, au cap de Bonne-Espérance, sont peuplées d'un plant nommé Hœnapop, tiré de Schiraz en Perse.

Le comte Odart, à son tour, en rappelant ce qui précède, fait remonter ce nom de Hœnapop au mot *Hanap* qui, dans notre ancien langage, signifiait la large coupe dont se servaient nos pères.

Ne serait-il pas plus rationnel de dériver d'abord le mot *Hanap* de l'arabe, auquel il aurait été emprunté lors des guerres des Croisades? On voit en effet très clairement le rapport naturel qui existe entre aïneb en arabe, anab en hébreu, et le mot hanap dont il est ici question ; les transformations de lettres sont chose fréquente entre des langues qui ont une même origine. Et, quant à l'autre mot *Hœnapop*, si le plant ainsi nommé provient de la Perse, comme on l'assure, l'analogie ou les rapports qui existent entre cette langue et la langue arabe permettent de croire que le nom, au moins quant à sa racine, aurait été emprunté au pays, en même temps que le cépage qu'il désigne.

CHAPITRE II.

VIGNES INTRODUITES DEPUIS LA CONQUÊTE. — Nous commencerons l'énumération des vignes que la colonisation française a importées en Algérie, par celles d'abord que nous avons été à même de voir et d'apprécier ; pour les autres, que les colons nous ont dit avoir introduites, mais qu'ils n'ont pu nous montrer en état de production, nous en ferons simplement mention à la suite.

1º *Raisin de la Madelaine, Morillon hâtif.* Raisin noir, à petites grappes et à petits grains, pour la table.

Cette variété fait partie d'un envoi fait dans ces dernières années à la pépinière de Tlemcen par la pépinière centrale.

Plus curieuse par sa précocité apparente, dit le comte Odart, que par aucune autre qualité.

2° La *Serine noire de l'Isère*, ou *Damas noir du Puy-de-Dôme*. C'est assez faire son éloge que de rappeler qu'elle est la source des excellents vins de Côte-rôtie.

Cépage robuste et d'une longévité remarquable, mais lent à se mettre à fruit. Raisin très allongé, grains écartés. Vient bien dans les terres maigres, a besoin d'une chaleur soutenue pour mûrir. Il ne saurait être mieux placé qu'ici, assurément.

Nous l'avons vu chez **M.** Finaton, qui nous a assuré l'avoir reçu du département de l'Isère. On peut se rappeler ce que nous avons dit plus haut, sous le n° 13 de notre premier chapitre, du rapport frappant qui nous a paru exister entre le raisin observé par nous chez le sieur Parrodi et celui-ci : peut-être sont-ils identiques.

Il pourrait se faire que celui-ci, fût le même que posséderait **M.** Gérard, de la petite pépinière, introduit par lui sous le nom de : *Damas noir*.

3° *Chasselas de Fontainebleau*. Plusieurs personnes ici, possèdent le chasselas de Fontainebleau ; nous pouvons citer particulièrement **M.** le commandant de place, lieutenant-colonel, Bernard, dont le jardin couvert d'arbres et favorisé de beaux ombrages fournit une retraite délicieuse au cœur de l'été et certainement est ce qu'il y a de mieux et de plus agréable dans tout Tlemcen.

4° La pépinière de Tlemcen possède une variété de chasselas, à grains plus petits, d'envoi de la pépinière centrale.

5° Un raisin muscat que nous croyons être le *muscat blanc commun*, reçu de Frontignan par **M.** Jean-Antoine. Grappes peu volumineuses, plutôt petites, à grains ronds, devenant roux au soleil, bien sucrés, très fortement musqués. Ce goût musqué s'exalte par la dessication au point de devenir désagréable. C'est ce raisin qui fournit le vin dit de Frontignan.

Dans son ampélographie, le comte Odart recommande à ceux qui veulent en faire du vin, de le déposer, aussitôt cueilli, au pied du cep et de l'y laisser exposé pendant deux fois vingt-quatre heures à l'action du soleil ; il en fait d'ailleurs peu de cas comme raisin de table, frais ou sec.

6° Un autre raisin *muscat* blanc, à gros grains, employé comme raisin de table. Nous avons trouvé celui-ci à la pépinière de Tlemcen, qui l'a reçue, avec plusieurs autres espèces, de la pépinière centrale.

7° Le *muscat d'Alexandrie*, ou *Panse musquée*. Tout le monde connaît ses précieuses qualités, soit à l'état frais, soit à l'état sec. C'est incontestablement ce qu'il y a de mieux comme raisin de caisse. Nous n'en donnerons pas la description.

L'introduction en est due à M. Gérard, que nous avons eu déjà occasion de nommer, le même qui, à la porte de Tlemcen a établi, en concurrence avec le gouvernement, un autre établissement du même genre, jouissant de la réputation de fournir des arbres fruitiers des plus belles et des meilleures qualités.

Chez lui, malheureusement, cette année, la maladie et les insectes ont fait de très grands ravages.

Une grappe de ce muscat d'Alexandrie, atteinte de la maladie et en assez mauvais état, nous a été remise, non point par lui, mais par M. Pons, son voisin, auquel il en avait donné quelques crossettes. C'est cette grappe qui nous a servi à reconnaître ses bonnes qualités, surtout pour la préparation des raisins secs.

8° Mentionnerons-nous ici le *Caillaba*, sorte de muscat noir que M. Menjou, de Négrier. cultive dans sa magnifique plantation de vignes d'une étendue de 8 hectares, dont un quart à peu près est en état de production. Cette plantation, composée seulement des meilleurs cépages cultivés à Saint-Gilles, près Nimes (Gard), commence à lui donner du vin qui ne pourra manquer d'être d'une haute qualité. Nous aurons occasion plus loin de citer quelques autres des espèces par lui introduites.

9° Le *Spiran noir*, du Gard et de l'Hérault, raisin que l'auteur de l'ampélographie, à raison des excellentes qualités qu'il présente pour la production des vins fins, qualifie du nom de *Pineau du Midi*; parfait d'ailleurs comme raisin de table. C'est un cépage peu robuste. Il fait partie de ceux cultivés par M. Jean Antoine. La plantation de ce colon, assise dans les terrains qui dominent au Sud-Est la pépinière de Tlemcen, est d'une étendue de 4 hectares, dont un quart environ est actuellement en rapport : elle est peuplée de bonnes espèces de vignes, dont quelques-unes doivent être d'un grand produit. La culture en est intelligente et soignée et l'état de la végétation magnifique.

10° Le *Spiran gris*. Petit raisin à grains ronds, rosés; très estimé comme raisin de table dans le Midi de la France. Nous avouons que la saveur singulière de ce raisin ne nous a que médiocrement satisfait. Chez le même Jean-Antoine.

11° La *Ouilliade* du Gard, *Gros marocain* de la Charente. Magnifique et excellent raisin noir, à grains assez gros, oblongs, peu serrés, donnant abondance de produit. Il a d'ailleurs besoin d'une température élevée et soutenue pour bien mûrir, condition qui ici ne lui fait pas défaut. Ce cépage porte, dans le vignoble de Saint-Gilles (Gard) le nom de *cinq saous*. Il a été introduit simultanément par les sieurs Jean-Antoine et Menjou.

12° Le même Menjou possède en outre le *Gallet blanc*, ainsi nommé dans le vignoble de Saint-Gilles, et qui n'est autre que la *Ouilliade blanche* du département du Tarn. Plant à la fois fertile et excellent.

13° Le *Tintilla*, du vignoble de Rota, *Mourvéde* de la Provence. C'est un plant illustre, le même qui produit le fameux vin d'Alicante, très cultivé et le plus estimé dans le département du Var. Raisin noir, à grappe ailée, conique, suffisamment forte, bien garnie de grains ronds, noirs, bien fleuris, d'une grosseur moyenne. C'est pour la cuve qu'il faut le réserver ; il mérite d'entrer pour une large part dans les cultures.

Nous l'avons trouvé chez MM. Finaton, Allégret, Bordenave, Jean-Antoine, etc. Chez le sieur Bordenave il est cultivé à peu près exclusivement. Il a été apporté d'Alicante même par un frère du sieur Bordenave, duquel l'ont obtenu directement tous ceux qui en possèdent.

14° L'*Aramon*, *plant riche* du Gard et de l'Hérault. Plant extraordinairement fertile et que nous ne pouvons que recommander à ceux des habitants de Tlemcen qui viseront à la quantité. C'est l'*Ugni noir* des Bouches-du-Rhône.

Ce n'est cependant pas un raisin tout-à-fait noir. Grappes fortes et qui ont beaucoup de rapport avec le *Planta de Mula* dont il a été question plus haut, bien fournies de grains gros, ronds, plutôt violets que noirs, juteux et suffisamment sucrés. Chez le sieur Jean Antoine, où nous l'avons observé, il charge beaucoup et s'étale sur le sol, à cause de la pesanteur de ses grappes. Quelques auteurs prétendent qu'il n'est bon qu'à produire des vins de chaudière; mais, en le mélangeant en proportion convenable avec d'autres plants de qualité plus relevée, ici du moins et tant que le commerce n'apportera que des vins détestables et à des prix exorbitants, comme cela a lieu, les colons feront bien de viser à l'abondance et ils obtiendront certainement une qualité suffisante, s'ils se conforment à nos prescriptions.

15° La *Picpouille noire*, très cultivée au vignoble de Saint-Georges (Hérault), très fertile et fournissant un vin coloré et spiritueux; grappes assez fortes, bien fleuries, tardives à prendre la couleur noire et restant longtemps rougeâtres; grains assez gros, oblongs, serrés; pédoncules et pédicelles courts.

Ce cépage, qui fait aussi partie du vignoble du sieur Jean-Antoine, mérite également très bien la culture.

16° Le *Tarré-Bourré*, du Gard et de l'Hérault, *Picpouille grise ou rose* des Pyrénées, très cultivé dans l'Aude, très estimé partout. Grappes belles, ailées, bien garnies de grains serrés, oblongs, roses ou rouge clair.

Pressé immédiatement après la récolte, ce raisin donne aux Pyrénées, suivant l'auteur de l'ampélographie, un vin sec, très spiritueux et très agréable et qui est de bonne garde. C'est encore un plant très fertile et qui mérite d'être cultivé. Il forme une partie notable du vignoble de Jean-Antoine.

17° Le *Marocain du Midi de la France*. Il a les plus grands rapports et la plus grande ressemblance avec la *Ouilliade* ou *gros Marocain de la Charente*, qui vient d'être décrit sous le n° 11 : seulement il a la peau plus épaisse, se conserve moins longtemps et est notablement moins fertile. Maturité un peu tardive. Les grappes sont belles, à gros grains oblongs, bien fleuris et peu serrés, supportées par un long pédoncule et parant bien un dessert.

Ce raisin nous a été apporté par M. Menjou, qui en a reçu le plant avec d'autres mentionnés plus haut du vignoble de Saint-Gilles.

18° Un raisin blanc, à grains assez gros, ovales, pédoncules et pédicelles longs; cette variété, qui existe à la pépinière de Tlemcen sous le nom de *Gros blanc de Limoux*, y a été envoyé du Hamma ; ce pourrait être le *Mauzac blanc*, ou *Blanquette de l'Arriège et de l'Aude*, qui, en effet, dans ce dernier département, concourt avec le suivant et aussi avec le Tarret-Bourré, à la composition de la blanquette de Limoux.

19° Nous ajoutons ici la *Clairette*, nommée aussi *Blanquette*, du Gard, de l'Aude et de l'Hérault ; cépage blanc, introduit par M. Gérard, de la petite pépinière. Ce raisin est de bonne garde ; avant de l'employer, on le laisse, après cueillette, exposé pendant une huitaine de jours à l'action du soleil, après quoi on en obtient un vin sec, spiritueux et estimé.

20° La *Crignane*, des Pyrénées-Orientales, introduite par le même ; cépage noir, à grappes volumineuses, bien garnies de grains un peu oblongs : a besoin de chaleur pour bien mûrir. Cette condition ici ne saurait lui manquer.

21° *Petit Muscat Saint-Jacques*, ou plus simplement *raisin de Saint-Jacques* ; car ce n'est pas un muscat. Cépage hâtif, mais peu fertile. Grappe de moyenne grosseur, bien garnie de grains ronds, noirs, serrés et juteux. Préférable aux Madelaines ; très appété des guêpes et des oiseaux ; introduit par M. Gérard.

22° Le *Grenache*. Pyrénées-Orientales, Hérault, Gard. Plant noir, source du vin de ce nom ; très fertile ; cultivé sous le nom d'*Alicante* dans les départements du Var et des Bouches-du-Rhône. Grappes belles, coniques, d'une forme régulière ; grains peu serrés, légèrement oblongs, d'un noir un peu bleu. Prompt à pousser, mais sensible aux premières gelées du printemps. Cet inconvénient, ici, probablement ne l'atteindra pas. Ses produits, pour la cuve, sont de la plus excellente qualité. Malheureusement la couleur qu'il fournit ne se soutient pas. C'est toutefois un cépage qu'il convient éminemment de propager. Introduit et cultivé par M. Gérard.

23° Un raisin noir, à grains de grosseur moyenne, assez doux, oblongs, bien fleuris ; pédoncule et pédicelles longs ; grappe lâche ; existe chez Jean Antoine sous le nom : *Alicante de l'Hérault*. Il ne faut point le confondre avec le précédent qui porte aussi le nom d'Alicante dans deux de nos départements du Midi, ni avec le véritable Alicante qui n'est autre que le *Tintilla* ou Mourvède, décrit plus haut sous le n° 13 de la présente série.

Nous profiterons de cette occasion pour relever une erreur qui s'est glissée dans le bulletin d'agriculture pratique publié par M. Hardy aux Annales de la colonisation,

2ᵉ semestre de 1852, pages 361 à 371, *in fine* ; où il est dit que le *Spiran noir* n'est autre que le fameux *Alicante* : au lieu du *Spiran noir*, c'est le *Mourvède* qu'on aurait dû mettre et qu'il faut lire. Ceci est conforme à l'opinion de l'auteur de l'ampélographie et à la nôtre.

24ᵉ Le *Morrastel*, encore, existe chez le même Jean Antoine. C'est un raisin noir qui a de grands rapports avec le Mourvède. Très répandu en Espagne et l'un des plus estimés, suivant Dom Simon Roxas Clemente, après le Ximenès, le Listan et les Muscats. Il est également très cultivé dans plusieurs de nos départements du Midi de la France, et particulièrement dans ceux qui formaient l'ancien Roussillon.

Notons encore :

25º Chez M. Gérard, de la petite pépinière, un *Damas blanc*.

26º Chez M. Soulié, un raisin noir très-voisin du nº 16 ci-dessus de la présente série.

27º Chez le même, un raisin blanc qui a de grands rapports avec le nº 19 de cette même série.

28º 29º 30º À la pépinière de Tlemcen, 3 espèces de raisin noir qui sont raisins de table, et dont un en particulier a le goût du cassis.

Non compris cinq autres dans le même établissement, mais qui n'avaient point fructifié et dont nous n'avons pu voir les produits.

Non compris également, chez le sieur Menjou, 16 autres espèces ou variétés que nous n'avons pu voir non plus et par la même raison, mais qu'il nous a assuré avoir tiré, avec les nᵒˢ 8, 11, 12 et 17, du vignoble de St-Gilles, département du Gard.

RÉCAPITULATION ET CLASSEMENT DES DIVERSES SORTES DE CÉPAGES. — Nous aurions donc, en récapitulant :

D'une part, 17 espèces, raisins arabes,

D'une autre part, 51 espèces, d'introduction récente.

Au total : 68 espèces de cépages, dont :

En les rangeant par couleurs,

Raisins noirs	23	
— gris ou roses	6	47
— blancs	18	

en les rangeant suivant leur emploi :

Pour être consommés en nature, 23, savoir :

De la 1re série, les numéros 1 à 12 inclusivement,
De la 2e série, les numéros 1, 3, 4, 6, 7, 9, 18, 21, 28, 29, 30,

Pouvant être employés à la confection des raisins secs, 7: dont les numéros 3, 5, 6, 8, 10, 11 de la 1re série et le numéro 7 de la seconde.

Enfin pour la cuve, 29, dont :

8 de la 1re série, les numéros, 3, 10, 11, 13, 14, 15, 16, 17.

21 de la 2e série, les numéros 2, 5, 8, à 20, et de 22 à 27.

Enfin, susceptibles de donner des vins de liqueur, cinq, qui sont les numéros 3, 10, 11, de la 1re série (1), les numéros 5, et 13 de la seconde.

Ceux que nous avons indiqués pour la cuve peuvent fournir des vins rouges ou blancs, en plus ou moins grande abondance, suivant leur fertilité plus ou moins grande dont nous avons fait mention pour chacun à son article.

En ce qui est de la qualité, plusieurs méritent d'être classés hors ligne ; ce sont les numéros 2, 5, 9, 13 et 22 de la 2e série ; mais, surtout, ces deux derniers. Pour les autres, si on sait les marier convenablement, en réunissant dans une même plantation des cépages de maturité à peu près contemporaine, en mélangeant en une sage proportion les cépages à raisin blanc avec ceux à raisin noir, de manière à conserver au vin une coloration suffisante, tout en le faisant participer à la finesse que donnent toujours les raisins blancs, en rachetant aussi, par l'adjonction de cépages de bonne qualité reconnue, l'abondance de production de quelques-uns, abondance qui pourrait bien ne pas marcher toujours parfaitement d'accord avec la qualité. surtout en soignant la fabrication, on sera certain d'obtenir des vins dont on aura pleine satisfaction.

RÉFLEXIONS ET CONSEILS AU SUJET DE LA FABRICATION.— Nous parlons ici de la fabrication, c'est que, chez beaucoup d'entre les colons, cette fabrication se fait le plus mal possible. C'est à peine si l'on prend le soin de purger la vendange des éléments mauvais, susceptibles d'en vicier la qualité ; en temps d'oïdium cependant et malgré la sécheresse du climat, ce soin serait bien nécessaire. Faute de vaisseaux plus commodes, on se sert de tonneaux (bordelaises) pour le cuvage. Trop profonds pour leur largeur,

---

(1) Série ou catégorie sont pris ici dans le même sens.

ces vaisseaux sont extrêmement désavantageux, en ce que la fermentation s'y fait très mal. La chaleur monte; elle ne descend pas. Celle qui résulte de la fermentation se porte tout entière à la partie supérieure, où elle s'exagère, tandis que le fond reste froid; la fermentation ne se fait que vers la partie supérieure; dans le fond elle est nulle. On pourrait y remédier jusqu'à un certain point au moyen du foulage; malheureusement, on néglige trop ce soin. Il y a plus, quelques colons y sont systématiquement hostiles, et on en a vu prêts à s'irriter de ce que, dans leur intérêt, joignant l'action au conseil, on cherchait à prendre ce soin pour eux. Chez ceux-là, nous avons pu voir le chapeau desséché, envahi par des nuées de moucherons, exhalant une odeur très forte d'acide acétique, dans un état enfin d'altération complète.

Que peut-on attendre d'un pareil état de choses ?

Cependant, on décuve lorsque l'on voit que la fermentation (et cette fermentation n'a eu lieu que vers la surface) est achevée ou près de son terme. Encore n'attend-t-on pas toujours jusque-là. Le vin que l'on retire, produit presque exclusif de raisins noirs, a de la couleur; mais il ne possède presque aucune des autres qualités qui lui seraient nécessaires. Dans la partie inférieure des tonneaux où s'est fait le cuvage, partie inférieure qui est demeurée presque froide, la fermentation ne s'est point faite, le moût est resté doux, il ne s'est point chargé de la proportion de tannin qui serait nécessaire à sa bonne conservation; la fermentation du vin se prolonge ensuite pendant longtemps dans les tonneaux où on l'a déposé, et se continue même au-delà du terme voulu. Ces vins-là se conservent peu; il faut les boire promptement, si l'on veut en éviter la perte. Et, pourtant, il y a là tous les éléments pour une bonne fabrication.

Qu'on nous pardonne si nous croyons devoir insister sur ce point; mais la question dont il s'agit est capitale.

Dans toute contrée vinicole, le cuvage se fait dans des vaisseaux (en pierre ou en bois) d'une certaine forme. Pour se placer dans de bonnes conditions, il faut que la largeur de la cuve dépasse d'un tiers ou même de moitié sa profondeur. Dans cette condition, le cuvage peut se faire partout avec plus d'égalité. Dans l'ancienne méthode, que beaucoup de vignerons n'ont point abandonnée et à laquelle plus d'un, après s'en être écarté, est revenu, le foulage de la cuve se faisait 2 fois par 24 heures, plus même si l'observation le faisait reconnaître nécessaire. Cette opération avait pour but, après l'écrasement du raisin, d'égaliser la température de la cuve et la fermentation, d'immerger et de rafraîchir le chapeau, dans lequel sans cela la chaleur pourrait s'exagérer et le faire passer à l'acide. Le but du cuvage du vin est la transformation en alcool de toute la matière sucrée ; mais la limite de cette transformation ne doit pas être dépassée. On doit donc s'attacher à régulariser l'opération et pour cela il faut veiller à ce que la température soit partout aussi égale que possible. Il faut veiller surtout avec un soin extrême à ce que le chapeau ne sèche pas, ne s'échauffe pas outre mesure ; autrement l'acétification s'y produirait bien vite et chaque goutte de vinaigre qui s'y formerait, en tombant et s'introduisant dans le moût y déposerait un germe de prochaine altération. C'est pour prévenir ces graves inconvénients que l'on doit pratiquer les foulages répétés.

Dans le procédé moderne, on maintient le chapeau constamment immergé dans le moût, au moyen d'un faux fond a claire-voie, à travers lequel le dégagement de l'acide carbonique se produit librement ; le foulage alors devient inutile. Disons cependant que plusieurs contrées vinicoles qui avaient adopté ce nouveau procédé, l'ont ensuite abandonné pour revenir à leur ancienne pratique du foulage répété.

Durée des vins. — En ce qui est de la durée des vins, considérée au point de vue de l'intérêt des producteurs de ce pays, nous conviendrons bien qu'elle n'est présentement pour eux que d'une médiocre importance ; ils récoltent et consomment au jour le jour. S'il leur fallait attendre leur vin seulement pendant un an pour pouvoir le boire, ils se trouveraient dans la nécessité d'en acheter pour leur consommation pendant ce temps ; et c'est là une dépense assez considérable dont ils ont dû compter que leur récolte les affranchirait. Et ils sont loin encore de l'époque où, pour en tirer parti, il leur faudra attendre l'occasion favorable d'en opérer le placement. Quelque éloigné qu'il soit, cependant, ce moment viendra, et alors aussi viendra pour eux la nécessité de soigner davantage la fabrication de leur vin, de telle sorte que la conservation en soit assurée au moins pendant un certain laps de temps. Déjà même, à cet égard, plusieurs colons qui ont l'intelligence de la situation, se proposent, à mesure que leurs vignes arriveront à une production plus abondante, plus complète, à mesure que les charges que la plantation leur a imposées et que la maladie de la vigne a singulièrement aggravées, leur deviendront moins lourdes, et que leurs moyens pécuniaires s'accroîtront, ces colons, disons-nous, se proposent de créer successivement le matériel dont ils sentent qu'ils auront besoin pour opérer dans des conditions normales. Ces colons sont les mêmes dont nous avons eu lieu plus haut de louer les cultures, et qui donnent également à la fabrication, dans l'état d'outillage imparfait où ils se trouvent, tous les soins qui dépendent d'eux. Le succès déjà a couronné leurs efforts : ils donneront aux autres l'exemple des améliorations successives ; et, si parmi ces derniers il s'en trouve que leur ignorance ou leurs préjugés aient empêché d'adopter, dès à présent, les bonnes pratiques de fabrication, leur intérêt, plus puissant que toute autre considération, ne tardera pas à leur ouvrir les yeux et à les ramener à des voies meilleures.

Sur l'absence de qualité et de bouquet des vins de l'Algérie. — On a prétendu que l'excès de maturité du raisin, excès qui pourrait résulter de l'élévation et de la persistance de la chaleur pendant les cinq mois de mai à septembre devait être pour beaucoup dans le défaut de qualité et l'absence de bouquet qu'on reproche assez généralement aux vins de l'Algérie; on a dit, et cela serait conforme à l'expérience éclairée de ces derniers temps, qu'une pointe de verdeur dans le vin, verdeur qui disparaît d'ailleurs bientôt, était nécessaire pour que l'arôme ou bouquet pût se développer. On a dit encore qu'une forte proportion d'alcool pouvait masquer cet arôme. Il est parfaitement vrai qu'une maturité trop complète du raisin peut exclure, dans le vin qu'on en obtient, certaines qualités que le gourmet aime à y rencontrer; mais si ces qualités dans les vins de Tlemcen font défaut, nous pouvons certifier que ce n'est point à une telle cause qu'il faut l'attribuer; pour que cette maturité se fasse, il y faut deux conditions indispensables : la chaleur et la durée de cette chaleur, c'est-à-dire qu'il faut que le raisin soit demeuré soumis à cette chaleur pendant un temps suffisant; et, bien qu'à Tlemcen la chaleur soit forte et durable, le raisin, cependant, n'y reste pas exposé assez longtemps pour atteindre quelquefois même une maturité suffisante.

Ennemis dont on a à se défendre. — Trop d'ennemis à la fois menacent la récolte : les chacals, les oiseaux, les guêpes et les abeilles ; même la main de l'homme. Chaque jour de retard en diminue l'importance ; chaque jour amène une dévastation nouvelle, et comment pourrait-il en être autrement dans un pays où les terrains cultivés sont aux espaces incultes, à peine comme un est à mille, où ces espaces incultes servent de refuge à une multitude d'êtres qui, à un moment donné, accourent par myriades pour tout dévorer, dans un pays où l'indigène croit faire acte de patriotisme, ou peut être de justice, en s'emparant par ruse, quand il ne le peut de vive force, de ce qui appartient à l'Européen ; dans un pays cependant où, par une erreur fatale et inexplicable, les lois sont si peu d'accord avec les besoins, que le colon ne peut, sans se rendre coupable du délit de chasse et sans en encourir les peines, défendre son bien par les armes contre ces nuées d'animaux dévastateurs, ne peut non plus, la nuit, protéger son champ contre les déprédateurs nocturnes sans être traduit devant la cour d'assises. Admettons, si l'on veut, que la justice reconnaîtra qu'en agissant ainsi, l'inculpé ne faisait volontiers qu'user du droit de légitime défense ; admettons qu'elle l'absoudra, toujours sera-t-il vrai, qu'en lui faisant grâce de la vie ou de la liberté, elle l'aura presque inévitablement ruiné dans sa fortune, par les frais et démarches de toute sorte, les pertes de temps et d'argent auxquels l'auront entraîné l'obligation de répondre à la justice et le soin de sa défense. En pareille matière, ne devrait-il pas suffire d'une information judiciaire faite par le juge de paix délégué par commission rogatoire, suivie d'une ordonnance de non lieu, si les circonstances sont de nature à légitimer une telle conclusion.

Et qu'on le croie bien, si nous parlons ainsi, ce n'est point par un vain esprit de critique ; mais bien parce que nous portons à la colonisation le plus vif intérêt, parce que bien assez de maux déjà pèsent sur elle et en empêchent le développement, parce que, si elle ne trouve pas en elle-même la force qui lui manque au dehors pour lutter contre les obstacles de tout espèce qui l'entravent et pour les vaⁱⁿyre, elle succombera infailliblement à la peine; et tous ces immenses sacrifices en hommes et en argent, que la France s'est imposés en vue de la colonisation de l'Algérie, se trouveront être absolument en pure perte.

Nous ne pousserons pas plus loin ces réflexions; nous laisserons à d'autres le soin d'en poursuivre, s'il y a lieu, le développement.

LA VÉRITABLE CAUSE DE L'INFÉRIORITÉ DES VINS DE L'ALGÉRIE EST DANS LA FABRICATION. — Revenant à notre sujet, nous dirons que ce n'est point à l'excès de maturité du raisin qu'il faut attribuer le défaut de qualité, l'absence de bouquet que l'on reproche aux vins de ce pays : car la nécessité où l'on est de se hâter, pour soustraire la récolte aux dangers qui la menacent fait qu'on n'attend pas cet excès de maturité, à beaucoup près ; mais bien à d'autres causes, et ces causes sont nombreuses : c'est à la mauvaise fabrication, à l'emploi pour cette fabrication de vaisseaux qui par leur forme n'y sont point propres ; c'est à l'inégalité dans le travail de la fermentation, à l'insuffisance partielle de celle-ci, aussi bien qu'à son exagération dans certains cas; c'est au manque de soins et de précautions en ce qui concerne les moyens de conservation du vin. Il faudrait à cet égard faire un cours entier à l'usage de nos colons ; c'est ce que ne comporte point le peu d'étendue du travail dont nous nous occupons ici. Plus tard, si les circonstances nous le permettent, nous pourrons reprendre cette importante question et la traiter avec les détails qui y sont nécessaires.

Encore un mot cependant au sujet du bouquet. Tout le monde sait qu'indépendamment des circonstances de terroir, de choix de cépages, de soins entendus dans la fabrication, le développement du bouquet ne peut se faire qu'après un certain laps de temps, pendant lequel le vin se dépouille de ses principes les plus grossiers. Or, on sait également, et nous l'avons expliqué plus haut assez au long, que la plupart de ces conditions, celles surtout de fabrication, manquent totalement, surtout en ce qui pourrait avoir pour résultat d'assurer la bonne et longue conservation du vin. On sait encore que la consommation s'en fait de suite. Comment songer alors à demander au vin de ce pays cette qualité que, dans les circonstances présentes, il ne saurait posséder ? Il est tout-à-fait prématuré aujourd'hui d'aborder sérieusement cette question.

DE L'ESPÈCE DE VIN QU'IL CONVIENT ICI DE PRODUIRE. — Il est une autre question sur laquelle nous devons dire quelques mots, c'est celle des sortes de vins qu'il convient ici de produire de préférence. A une époque déjà ancienne, à quelques cinq ou six ans en arrière (car six ans, par le temps qui court et avec la vertigineuse rapidité des événements qui se précipitent, six ans, c'est long), les producteurs de vins de nos départements du Midi élevaient les plus âpres protestations contre le développement de la culture de la vigne en Algérie; à les en croire il aurait fallu interdire cette culture aux colons, ou tout au moins la grever de tant de charges fiscales que cela eût équivalu à une prohibition. Cependant, en France, par suite de la maladie, la production du vin s'est trouvée tellement réduite que le pays ne pouvait plus, à beaucoup près, suffire à sa propre consommation. En cela, comme en tant d'autres choses, le malheur a été un grand maître; les récriminations, devenues sans objet, ont cessé; on n'a plus songé à contester aux colons de l'Algérie le droit de faire et de disposer de leur chose à leur gré; d'ailleurs, en Algérie comme en France, comme partout, la maladie a sévi avec une extrême intensité, et le sort des colons planteurs de vignes, s'est trouvé plus misérable encore que ne l'était ou ne pouvait l'être celui des habitants de la métropole. Aujourd'hui les colons peuvent, sans se préoccuper des récriminations, faire de la vigne comme ils l'entendent. Voyons donc tranquillement quel intérêt ils ont dans cette culture et dans quelle direction ils pourront ou devront, conformément à cet intérêt, la développer.

CE NE SONT POINT LES VINS DE LIQUEURS. — On leur a conseillé les vins de liqueurs; mais ce conseil est déjà ancien; il remonte à cette époque de craintes exagérées et de récriminations que nous signalions tout à l'heure. Mais, dans l'état actuel des choses, la production de ces sortes de vins égale tout au moins, si elle ne dépasse pas les besoins de la consommation. L'Espagne les donne à bas prix. D'ailleurs, chez nous, qui donc en boit de ces vins de liqueur? Et puis, au point de vue de l'hygiène, l'usage serait loin d'en être favorable à nos populations. Ajoutons à cela que ce que les colons en produiraient leur reviendrait bien cher et leur rapporterait bien peu. Et, dussent-ils obtenir des qualités de premier ordre, ce qui est au moins douteux, ils auraient encore longtemps à souffrir avant que, dans le commerce, le classement pût s'en faire et qu'ils pûssent en obtenir un débit avantageux.

A notre avis donc, au moins d'une manière générale, la production des vins de liqueur, en Algérie, doit provisoirement être écartée.

Et que l'on remarque bien que nous ne parlons ici qu'au point de vue de la petite colonisation, de ceux-là seulement d'entre nos colons qui, pauvres en ressources pécuniaires, ont besoin de tirer parti, en quelque sorte, au jour le jour, de leurs produits, quels qu'ils puissent être ; libre d'ailleurs à ceux qui peuvent disposer de ressources suffisantes, d'aborder cette production selon leur gré.

Ce ne sont point non plus les vins fins proprement dits. — Si nous parlons en ces termes de la production des vins de liqueur, on comprendra sans peine que nous professions les mêmes idées pour celle des vins fins proprement dits. Les plants qui fournissent ces vins sont généralement très pauvres sous le rapport de la quantité de production ; et il n'appartient volontiers qu'à des personnes riches de se soumettre aux chances si diverses et trop généralement défavorables auxquelles cette production est sujette.

Mais bien les vins de consommation ordinaire. — Restent donc les vins de consommation ordinaire ; blancs ou rouges, les rouges surtout. Voyons pour tout le pays de Tlemcen quelle en peut être l'importance.

Recherches tendant a établir quelle est l'importance actuelle de la consommation. — La population européenne, civile, agricole ou commerçante, répandue tant à Tlemcen que dans les villages ou dans les exploitations isolées qui dépendent de cette circonscription, aussi bien en territoire militaire qu'en territoire civil, peut être évaluée en chiffres ronds à 6,000 habitants ; la population militaire irait en moyenne à 4,000. Ce serait donc au total 10,000 âmes, non compris les populations indigènes, arabe ou israélite.

Admettons pour chaque habitant une consommation journalière de un demi-litre par individu, on aurait par jour une consommation totale de 5,000 litres, ou 50 hectolitres, et par an une consommation de 18,000 hectolitres qui, à 40 fr. l'hectolitre, chiffre qui peut sans inconvénient être pris pour moyenne du prix du vin dans ce pays depuis plusieurs années, représenteraient au-delà de 700,000 fr.

Ce chiffre de consommation, comme on le voit, est considérable, et il ne peut que s'accroître.

Il importe extrêmement à la population agricole de ce pays de le couvrir au moyen d'une production équivalente; et, en vérité, nous ne voyons pas de raison qui puisse l'empêcher d'y parvenir; c'est une question de temps et de travail. Pour la portion que consomme elle-même la population, ce sera une très-grosse économie; et, pour ce qui en est consommé par la troupe, ce sera pour la colonie, incontestablement, une importante source de richesse.

Mais, à côté de ce chiffre de consommation, recherchons quelle est l'importance actuelle de la production.

IMPORTANCE DE LA PRODUCTION. — Elle est bien mince, cette importance. D'après les documents statistiques que nous avons fournis à l'administration, et pour la réunion desquels, dans le but surtout de les obtenir exacts, nous n'avons épargné aucun soin, nous voyons que la quantité de vin produite cette année, ne va guère qu'à 406 hectolitres.

Dans ce chiffre, la production européenne entre pour 241 hectolitres; le surplus, ou 165 hectolitres, a été obtenu de l'emploi des raisins récoltés par les Arabes dans leurs jardins et apportés par eux sur le marché.

Les 241 hectolitres de production européenne sont donc le produit exclusif des vignes plantées; l'importance de ces vignes plantées est de 50 hectares; mais, de ces 50 hectares, la moitié seulement est en rapport. Ce serait donc en moyenne de 9 à 10 hectolitres de vin par hectare. Ce rendement est de beaucoup au-dessous de ce qu'il devrait être; mais il ne faut pas que l'on oublie que les vignes de ce pays sont en proie à deux fléaux dévastateurs, l'oïdium et l'eumolpe. Sur bien des points, la destruction par l'un ou par l'autre de ces deux fléaux a été complète. L'oïdium tend à disparaître : pour l'eumolpe, des soins entendus pourront en atténuer les ravages. — On doit espérer que d'ici à peu d'années les choses rentreront dans l'état normal, et la production alors pourra se trouver quintuplée.

Au reste, de 406 hectolitres, chiffre actuel de production, à 18,000 hectolitres, chiffre de la consommation, il y a bien loin, comme on le voit, et il faudra que les plantations et la production s'accroissent dans une bien forte proportion pour arriver à couvrir le déficit.

MOYENNE A ATTEINDRE POUR LA PRODUCTION A L'HEC-TARE. — Mais, quelle doit être cette production à l'hectare? Beaucoup de personnes semblent croire qu'elle doit s'arrêter à 30 hectolitres. Disons tout de suite que ce nombre de 30 hectolitres ne représente en réalité, suivant l'expression des viticulteurs français, que la moyenne de production de la troisième région, dans laquelle se trouvent les vignobles à vins fins, vignobles dont la pauvreté de production est proverbiale, et ne se rachète que par le haut prix des produits. Est-ce ici le cas ? Non, évidemment ; à ce taux les colons se ruineraient infailliblement. Nous l'avons dit , dans leur intérêt bien entendu, les colons ne doivent point chercher à produire des vins fins, ils doivent viser à une certaine abondance de production dans des qualités moyennes.

Nous avons émis ailleurs la pensée que, pour servir le pays suivant ses besoins, avec les conditions de température qui y sont habituelles, il fallait arriver à une production moyenne de 100 hectolitres par hectare ; et nous ajoutons tout de suite que cela est parfaitement possible. Pour toute personne qui sait à fond la culture de la vigne et ses ressources, ce que nous avançons là serait admis sans preuves : mais il s'en faut bien que tous soient dans ce cas. Voyons donc à fournir des démonstrations.

Commençons par notre propre expérience. Nous avons pu constater, à Auxerre, dans des années chaudes et abondantes, que des vignes plantées de plants riches, avaient donné jusqu'à 200 feuillettes de vin à l'hectare. La feuillette contient 1 hectol. 40 l. ; 200 feuillettes représentent donc 280 hectolitres.

Citons ensuite l'opinion d'un auteur justement renommé en viticulture, et dont le nom fait autorité, M. Puvis, président de la société d'agriculture de l'Ain, dont la perte récente a causé les plus vifs et les plus profonds regrets. Dans un écrit très remarquable ayant pour titre : « *De la culture de la vigne et de la fabrication du vin,* » publié aux Annales de la Société royale d'agriculture de Lyon, années 1847 et 1848, l'auteur à la page 260 dit, en parlant du Midi de la France, et nous citons textuellement : « *et puis on connaît les énormes produits auxquels, de notoriété publique, on y arrive ; on recueille dans les années favorables jusqu'à 360 hectolitres par hectare. Nous pourrions citer un propriétaire du Midi, homme de poids et de considération, qui nous a montré sa vigne, dont le produit, en 1840, avait été de 378 hectolitres par hectare, quantité double ou triple des plus grands produits du Centre et du Nord. »*

Il est au reste bien avéré que la production de la vigne suit une progression croissante en allant, pour nos pays, du moins, du Nord au Sud ; l'élévation de la température y est sans contredit, une condition favorable.

« La vigne, dit l'auteur cité, (voir p. 276), a besoin de soleil et de chaleur ; c'est la chaleur qui fait naître dans l'œil de la vigne le germe du fruit qui doit se développer l'année suivante : ainsi, une année chaude qui mûrit et fait du bon vin, est encore le présage presque assuré de l'abondance de la récolte suivante : l'année 1804, qui de mémoire d'homme a été la plus abondante, a succédé aux années chaudes 1802 et 1803 ; 1803 s'annonçait féconde, quand une gelée d'avril détruisit tout espoir ; 1808, qui succéda à 1807, année chaude, donna un très grand produit : 1812, qui suivit l'année de la comète, fut une année abondante ; au printemps 1816, qui succédait aux chaleurs de 1815, les raisins sortirent en grand nombre, et il ne fallut rien moins que la persistance des pluies et temps contraires pour détruire la récolte ; 1820, qui succédait à l'année chaude 1819, fut une année de grand produit ; après les chaleurs de 1822, l'année 1823 fut très féconde : 1834 fut, après l'année sèche 1835, une année abondante : » puis, l'auteur cite encore les années 1835, 1840, 1843, 1847.

Quelle induction pouvons-nous tirer de tout cela ? C'est que, partout où règne chaque année et d'une manière régulière, pendant la saison d'été, une chaleur assez intense et suffisamment prolongée, on doit pouvoir compter avec la même régularité, et sauf les cas de force majeure, sur d'abondantes récoltes. L'Algérie est dans ce cas : et, comme la chaleur est de même une condition essentielle à la maturité, ici encore on peut être assuré par la même raison, d'obtenir cette maturité suffisante si nécessaire à la bonne qualité des produits. Et la médiocrité même des cépages n'y saurait être un empêchement. Y a-t-il en effet un cépage plus décrié sous ce rapport que le Gamay ? Ce plant, que le duc Philippe de Bourgogne traitait *de déloyal*, et dont il ordonnait l'arrachage général, ce plant, dont les produits, dans notre basse Bourgogne, sont véritablement détestables quand la saison a péché par défaut de chaleur, et par excès d'humidité, ce plant, disons-nous, dans les bonnes années au contraire, donne des produits vraiment estimables. « Le Gamay, dit encore notre auteur, p. 281, ne méritait donc pas la proscription générale dont on a voulu le frapper, car il donne encore au bas de la côte de bons vins d'ordinaire, et sur les arrière-côtes même, il produit dans les bonnes années un vin qui a son prix et sa valeur; il a du feu, de la couleur, du mœlleux, et se conserve assez bien. »

Ajoutons ici que notre expérience personnelle nous a fournit la preuve de la vérité des assertions qui précèdent.

Ces conditions de température, si nécessaires à la bonne qualité du vin et à son abondante production, lesquelles n'apparaissent dans nos contrées vinicoles de France que de loin en loin et en quelque sorte par exception, sont ici permanentes, et ne peuvent manquer de se reproduire chaque année; en sorte que, chaque année aussi, sans faute, on peut être assuré d'obtenir tout à la fois cette abondance et cette bonne qualité des produits.

Admettons donc que cette moyenne de 100 hectolitres à l'hectare n'a rien qui doive paraître exagéré; mais admettons en même temps que, pour arriver à l'obtenir, les colons ne devront pas craindre de planter des cépages productifs; et, quant à la qualité des produits à en provenir, qu'ils demeurent bien persuadés qu'en apportant à la fabrication de leur vin, ainsi qu'à sa conservation, les soins convenables, ils n'auront qu'à se louer, obtenant à coup sûr une qualité suffisante.

Il y a six ans bientôt, nous avions l'honneur de soumettre à S. E. M. le maréchal ministre de la guerre, sur cette même question de la culture de la vigne en Algérie, un mémoire où nous professions les mêmes idées ; le séjour de deux ans que nous avons fait dans ce pays n'a fait que nous y confirmer.

L'IMPORTANCE A DONNER A LA PRODUCTION PEUT ALLER DÈS A PRÉSENT A 18,000 HECTOLITRES. — Nous avons montré aux colons quelle est l'importance du développement que réclame ici la production du vin et qu'on peut lui donner : 18,000 hectolitres, d'une valeur annuelle d'environ 700,000 fr.

Le taux moyen de production, dans les conditions que nous avons indiquées, peut être porté sans crainte à 100 hectolitres par hectare.

Les cinquante hectares plantés, si le choix des cépages dans cette vue était fait d'une manière convenable, représenteraient donc volontiers une production annuelle de 5,000 hectolitres : nous avons vu pourquoi nous sommes si loin de ce chiffre. Pour arriver à la production de 20,000 hectolitres, il ne devrait pas être nécessaire de dépasser le nombre de 250 hectares; mais veut-on, pour garder un tempérament avec ceux qui se refusent à admettre une si forte moyenne production, la restreindre à moitié, nous supposons alors les plantations poussées jusqu'au chiffre de 500 hectares; le pays ne pourra qu'y gagner. Il est d'ailleurs bien entendu que nous admettons la disparition préalable des deux grands fléaux qui ravagent nos vignobles; et l'on a vu que nous regardions le premier d'entr'eux comme étant en voie de décroissement, et près de disparaître, et que, pour le second, les efforts combinés des colons devront en triompher.

Les colons doivent redoubler d'ardeur en présence de l'avenir que leur réserve la culture de la vigne. —*Conseils.*—Que les colons ne perdent donc pas courage; ils ont devant eux un magnifique avenir. Qu'ils ne négligent aucun des moyens propres à leur assurer le succès. Qu'ils plantent des vignes nouvelles; qu'ils choisissent des plants d'un fort rendement, qu'ils les marient de manière à obtenir de bons vins d'ordinaire, doués d'une couleur et d'une vinosité suffisantes; qu'ils plantent en terrain sec plutôt qu'humide (pour la vigne l'humidité est infiniment plus à craindre que la sécheresse; l'humidité permanente surtout); qu'ils donnent, s'ils le reconnaissent nécessaire, un ou deux arrosages dans le cours de la saison; le premier pourrait venir à propos après la défloraison, pour faciliter la formation du grain; et encore, à cette époque de l'année, le sol ne doit pas, ce nous semble, être sec assez à fond pour nécessiter un arrosage; le second, que nous pouvons croire le plus véritablement utile, devrait être donné vers la fin de juillet, à cette époque où, le pepin étant bien formé à l'intérieur de la grume, le raisin commence à se flétrir sous l'influence d'une sécheresse trop prolongée, et n'attend pour tourner que la venue d'une humidité alors véritablement nécessaire. Au reste, les arrosages donnés à propos, avec modération, sans nuire à la qualité de la récolte, ne pourront qu'assurer l'abondance. Cette marche, d'ailleurs, est conforme à ce qui se passe habituellement dans nos contrées vinicoles d'Europe : une pluie après la défloraison est toujours bien venue ; si le beau temps et la chaleur peuvent s'établir ensuite, on est heureux de voir arriver de nouveau quelques pluies à l'époque où le premier mouvement qui doit amener la maturité du raisin va commencer à se produire ; enfin, un peu d'humidité encore vers la dernière quinzaine, pourvu qu'elle n'ait pas de durée, ne peut que produire un effet favorable.

Mais surtout, qu'ils soignent la fabrication ; qu'ils se munissent, pour le cuvage, de vaisseaux qui y soient propres ; qu'ils proscrivent d'ailleurs sévèrement l'usage d'instruments avariés ; qu'ils purgent la vendange de tout ce qui peut en détériorer la qualité ; qu'ils apportent ensuite à la conservation de leur vin tous les soins nécessaires, comme ils auront dû le faire à la fabrication ; l'un et l'autre sont d'une égale importance.

Particulièrement, pour le choix des cépages, et le mélange propre à assurer tout à la fois l'abondance et une qualité suffisante, nous pouvons croire que, parmi les plants dont nous avons donné plus haut la description, plusieurs peuvent y suffire. Les plants noirs, propres à donner couleur et qualité, comptent le Mourvède, la Serine noire de l'Isère, la Ouilliade ou gros Marocain noir de la Charente, le Grenache et quelques autres ; — pour l'abondance, trois plants gris, très robustes très productifs, se disputent la préférence, l'Aramon, le Planta de Mula, et le Tarré-Bourré ; —enfin le Ferrana des Arabes, comme raisin blanc, propre à donner de la finesse au vin, et que l'on pourrait vraisemblablement très bien remplacer par la Ouilliade blanche. — Nous croyons qu'un vigne, composée de cépages appartenant à chacune de ces trois séries, ne pourrait manquer de donner d'excellents résultats.

Les trois localités de Tlemcen, de Bréa et de Mansourah, sous le rapport du terroir, nous semblent mériter la préférence : le sol, trop argileux de Safsaf, nous paraît moins propre à cette culture ; le vin d'Hennaya aurait, dit-on, un goût de terroir très marqué ; mais Safsaf trouve dans la production des fourrages, et Hennaya dans la culture du tabac qui y donne des produits d'une qualité supérieure, une suffisante compensation.

Encore quelques mots avant de clore ce travail.

Et d'abord, dans les conditions d'ext.ême sécheresse, qui sont particulières au climat de Tlemcen, disons que la plantation devra se faire plutôt avec des chevelées qu'avec de simples crossettes. La reprise sans cela ne serait pas assurée. Les colons feront donc bien d'établir des pépinières qu'ils pourront arroser pour faciliter la production des racines, et d'où ils tireront ensuite les plants enracinés qui leur seront nécessaires.

Un dernier mot sur l'oidium. — Ensuite, en ce qui concerne l'oïdium, auquel nous avions pris l'engagement de revenir, des essais de traitement par le soufre ont été pratiqués ; mais ces essais ont été peu nombreux. M. Finaton en a obtenu de bons résultats ; d'autres n'ont pas eu à s'en louer. Peut-être l'opération n'a-t-elle pas été faite à des heures convenables. La vaporisation du soufre par la chaleur paraît être le phénomène vraiment actif de cette opération. En France, l'heure la plus chaude du jour n'est pas la même qu'ici : cette heure la plus chaude en France est vers les deux à trois heures de l'après-midi, tandis qu'ici, c'est de huit à neuf heures du matin ; plus tard, la brise s'élève, qui rafraîchit l'air ou dissipe la chaleur, et qui, par sa vivacité, peut emporter la fleur de soufre et en empêcher l'action. On croit avoir remarqué d'ailleurs que le raisin blanc est plus rebelle à cette action.

Ce que nous avons lieu d'observer ici, et qui avait été remarqué déjà par quelques viticulteurs, car l'article de M. Barral, sur le soufrage de la vigne, en fait mention, c'est que les vignes tenues basses et dont les sarments sont couchés sur le sol, sont demeurées exemptes de la maladie ; celles au contraire qui avaient été relevées ont été fortement atteintes.

L'humidité et le manque d'air nous ont paru encore être une autre et puissante cause d'invasion. Les vignes, répandues dans les jardins de nos colons, et qui participaient aux irrigations, ou qui étaient disposées en tonnelles, ont été parfois affreusement ravagées. Il y a là encore un enseignement utile. Un sol bien égoutté, bien sain, une plantation suffisamment espacée, et dans laquelle on a eu le soin de ne point laisser la végétation se développer de ma

nière à empêcher la libre circulation de l'air, nous ont paru
être les meilleures conditions pour atténuer le mal ou le
prévenir. L'enlèvement des parties atteintes et le traitement par le soufre viennent en aide comme moyens cu-
ratifs.

On nous a parlé encore d'un autre moyen dont on vante
beaucoup l'efficacité. Ce moyen, que le commissaire de
police de Tlemcen, M. Cramer, nous a assuré avoir vu pratiquer avec succès en Espagne, consiste à ouvrir une fosse
circulaire autour de chacun des ceps envahis par l'oïdium,
à déposer dans cette fosse une certaine quantité de chaux
vive, en évitant bien entendu de la mettre en contact direct
avec les racines de la vigne, puis à recouvrir cette chaux
avec la terre qui en avait été retirée. Au bout de quinze
jours, toute trace de maladie avait disparu, et l'état de
santé de la vigne se manifestait par la vivacité de la végétation et la couleur d'un vert foncé qu'avait prise le feuillage.

CONCLUSION. — Le travail qu'on vient de lire concerne
spécialement la circonscription de Tlemcen ; c'est en vue
d'être utile à cette circonscription que nous l'avons entrepris et publié. Cette circonscription, nous devons l'ajouter,
ne comprend, à bien prendre, que le territoire civil ; dans
le territoire militaire, tant qu'il restera tel, la culture de la
vigne a peu de chances de se développer ; pour le moment,
elle y est nulle.

La métropole connaitra les circonstances malheureuses
qui ont ici pendant longtemps paralysé le développement
de la culture de la vigne ; mais elle apprendra en même
temps avec joie que ces circonstances améliorées tendent à
se transformer, à disparaître. Elle verra que le sol et le climat de Tlemcen sont éminemment favorables à cette culture, et qu'un splendide avenir lui est réservé; elle applau-
dira aux généreux efforts des colons et à leur persévérance:
elle connaitra en même temps ce qu'elle peut faire pour ré-
compenser ces efforts, et les sacrifices de toute sorte qu'elle
n'a pas craint de s'imposer jusqu'ici en vue de favoriser
l'élan de la colonisation sont un gage de l'empressement
qu'elle apportera à l'adoption des mesures qui lui semble-
ront les plus propres à venir en aide aux colons.

Il est un point cependant à l'égard duquel nous ne pouvons nous empêcher d'exprimer ici un regret. La publicité

que nous aurions voulu pouvoir donner à cet écrit ne sera pas suffisante. C'est en vue de la petite colonisation surtout que nous l'avons entrepris, que nous y avons consigné des descriptions, des renseignements, des conseils, dont nous croyons qu'elle a besoin. Les journaux, même les plus répandus, n'arrivent guère jusqu'à elle. Indiquer un besoin, n'est-ce pas indiquer le remède qu'il conviendrait d'y appliquer ?

Le gouvernement a trop fait jusqu'à présent pour ne pas seconder l'œuvre de ses administrés par des mesures utiles et par une protection efficace. Chaque jour voit se réaliser des réformes nouvelles. Chaque jour de nouveaux décrets, de nouvelles décisions, viennent témoigner de la volonté de l'Empereur de substituer de plus en plus l'élément civil à l'élément militaire dans une colonie qui a besoin, pour prospérer, de pouvoir se développer librement sous l'influence des moyens dont elle dispose et de marcher vers le perfectionnement en toute sécurité.

Si cette humble opinion devait être jugée digne de la haute et bienveillante attention de S. E. M. le ministre de l'Algérie et des Colonies, et si notre travail lui semblait mériter sa haute protection, ce serait à coup sûr un grand honneur pour nous, et en même temps une douce récompense accordée à notre travail, qui acquerrait par là pour nos lecteurs un grand intérêt de plus.

FIN.

ERRATA.

Page 3, ligne 38, au lieu de : *Pancreau*, lisez : *Pancrace*.

Pages 5, ligne 28, et 7, lignes 12 et 37, au lieu de : *Ouridan*, lisez : *Ousidan*.

Page 7 (Note), au lieu de : *Roxaï*, lisez : *Roxas*.

Page 8, ligne 34, au lieu de : *plantes*, lisez : *plants*.

L'ALGÉRIE

AGRICOLE, COMMERCIALE, INDUSTRIELLE.

—

INDICATION

Des principaux articles publiés dans le premier volume (année 1859) :

V. A. Barbié du Bocage. — Un mot sur le peuplement de l'Algérie.

B*.** — Industrie des poils et lainages de l'Algérie.

Emile Cardon. — Le gouvernement de l'Algérie de 1852 à 1858. — Géographie botanique de l'Algérie. — Les Chemins de fer de l'Algérie (3 articles). — Chroniques mensuelles.

J.-R. Fabre. — Situation de la culture du Tabac en Algérie.

Florian Pharaon. — Historiettes algériennes.

Guérin-Méneville. — Rapport sur la valeur industrielle du Bombyx cynthia.

A. Hardy, Directeur de la Pépinière c^{le} du Gouv^t à Alger. — Note sur l'aloës. — Importance de l'Algérie comme station d'acclimatation. (2 articles à suivre).

Paul Madinier. — Tourteaux de graines de cotonnier, leur valeur nutritive et leur emploi dans l'alimentation des animaux. — Opérations agricoles de la Compagnie suisse de Sétif.

De Moréal. — Note sur le Drinn et l'emploi qui peut lui être assigné dans l'industrie.

A. Noirot. — Culture de la vigne en Algérie. — Étude historique, statistique, économique et géographique sur cette culture (6 articles, à suivre). — Guide mensuel du cultivateur. — Ininflammabilité des bois, des huiles, des goudrons, des pailles, des papiers et des tissus de toute nature. — Concours agricole de Paris en 1860.

Pignel, Inspecteur de colonisation à Oran. — Concours régional d'Oran en 1859.

Salomon, Inspecteur de colonisation à Tlemcen. — Deux questions concernant les irrigations, et relatives, l'une aux forages artésiens, l'autre au barrage des rivières.

A. R. Souviron. — De la culture du lin en Algérie, de ses avantages et de l'utilité de son introduction dans l'assolement des terrains non arrosables (2 articles à suivre).

D. Thibaut. — Acclimatement et colonisation.

L. Yvan. — Tournée dans le Sahara oriental.

Bibliographie. — Mélanges.

SUITE

Indication des principaux articles publiés dans les numéros
DE JANVIER, FÉVRIER, MARS ET AVRIL 1860.

E. Cardon. — Chroniques mensuelles.

A. Hardy, Directeur de la Pépinière centrale du gouvernement à Alger. — Importance de l'Algérie comme station d'acclimatation (fin).

A. Noirot. — Confiance ! Confiance ! — Guide mensuel du cultivateur.

Partie officielle. — Rapport à l'Empereur sur les grands travaux publics à entreprendre ou à continuer en Algérie, etc. pendant l'année 1860.

Questions adressées à un planteur de coton de la province d'Oran, et Note en réponse.

Hippolyte Rousse. — La vigne dans le district de Douéra.

Salomon, Inspecteur de colonisation à Tlemcen. Etude sur les vignes de Tlemcen. — Note sur la Pyrèthre d'Algérie.

A.-R. Souviron. — De la culture du lin en Algérie, etc. (suite et fin).

G. Weiss, agronome. — Des irrigations en Algérie.

Exposition permanente des produits de l'Algérie et des Colonies. — Bibliographie. — Bulletin scientifique. — Mélanges. — Bulletin d'annonces agricoles.

Ouvrages qui se trouvent chez les mêmes libraires :

CARDON (Émile). — Les Chemins de fer de l'Algérie. in-8°, 1859. 1 fr.

A. HARDY, Directeur de la Pépinière centrale du gouvernement à Alger. — Importance de l'Algérie comme station d'acclimatation. — Brochure in-8°, 1860. Prix : 1 fr.

INDICATEUR GÉNÉRAL DE L'ALGÉRIE. — Description géographique, historique et statistique de chacune des localités des trois Provinces, par le même; 2ᵉ édition, entièrement refondue. Avec carte de l'Algérie, par O. Mac-Carthy, et plans d'Alger, de Constantine et d'Oran. 1 fort vol. in-8°, 4 fr.. relié, toile dorée 5 fr.—Chez Challamel, libraire-commissionnaire, 30, rue des Boulangers, à Paris.

LE SPECTATEUR MILITAIRE. — Recueil de science, d'art et d'histoire militaires.—Conditions d'abonnement : France et Algérie, 35 fr. par an, 20 fr. pour six mois; Étranger (port ordinaire), 40 fr. par an, 22 fr. pour six mois; Étranger (double port), 45 fr. par an, 24 fr. pour six mois. — Chaque livraison séparément : 4 fr. — On s'abonne, à Paris, à la direction du *Spectateur*, rue Christine, 3.

NOTICE SUR L'ININFLAMMABILITÉ DES PAILLES, PAPIERS, BOIS, HUILES, GOUDRONS, PEINTURES ET TISSUS de toute nature, par les procédés brevetés en France et à l'Etranger de A. Carteron, fournisseur de LL. MM. l'Empereur et l'Impératrice, in-8°. 1 fr.

POÈMES ALGÉRIENS ET RÉCITS LÉGENDAIRES, traduits ou imités en vers, d'après l'idiome d'Alger, suivis des *Algériennes*, *poésies diverses*, par Victor Bérard, 1 vol. in-8°. Chez Challamel. 3 fr. 50.

Paris.—Typ. E. Cardon, rue Bonaparte, 64.

9 782329 460796